中等职业学校机械类专业通用教材

技工院校机械类专业通用教材（中级技能层级）

机械基础（彩色版）

（第 二 版）

果连成　主编

中国劳动社会保障出版社

简介

本书的主要内容包括：杆件的静力分析，直杆的基本变形，连接，机构，机械传动，支承零部件，机械的润滑、密封与安全防护，液压传动与气压传动，综合实践——典型机械的拆装等。

本书由果连成任主编，崔兆华任副主编，刘涛、刘永强、邵明玲、赵兰宝、崔人凤参加编写，张萌任主审。

图书在版编目（CIP）数据

机械基础：彩色版 / 果连成主编 . -- 2 版 .
北京：中国劳动社会保障出版社，2024. --（中等职业
学校机械类专业通用教材）（技工院校机械类专业通用教
材）. -- ISBN 978-7-5167-6792-4

I. TH11

中国国家版本馆 CIP 数据核字第 2024WU0049 号

中国劳动社会保障出版社出版发行

（北京市惠新东街 1 号　邮政编码：100029）

*

保定市中画美凯印刷有限公司印刷装订　　新华书店经销

787 毫米 ×1092 毫米　16 开本　14.5 印张　341 千字
2024 年 12 月第 2 版　　2024 年 12 月第 1 次印刷

定价：**37.00 元**

营销中心电话：400-606-6496
出版社网址：https://www.class.com.cn
https://jg.class.com.cn

目　录

绪　　论

观察思考

　　你能举出一些身边存在的与机械应用相关的现象吗？你能从现象中总结出其中的规律吗？为什么一支筷子比一把筷子容易折断？为什么手握扳手的端部拧螺母就会很省力？为什么小小的千斤顶就能将汽车顶起来？为什么用力蹬自行车脚踏板自行车就会前进？

一、机械的组成

1. 机器与机构

　　机器是人们根据使用要求而设计、制造的一种执行机械运动的装置，它用来变换或传递能量，以及传递物料与信息，以代替或减轻人类的体力劳动和脑力劳动，如用于实现能量变换的电动机、内燃机等。

　　机构是具有确定相对运动的构件的组合，是用来传递运动和动力的构件系统，如图 0-1 所示汽油机中的曲柄滑块机构、齿轮机构、带传动机构和凸轮机构等。

　　如果不考虑做功或实现能量转换，只从结构和运动的观点来看，机构和机器之间是没有区别的。因此，为了简化叙述，有时也用"机械"一词作为机构和机器的总称。

　　图 0-2 所示的台式钻床是一种常用的孔加工机器，它由电动机、带传动机构、进给机构、进给手柄等组成。

　　一般而言，机器的组成通常包括动力部分、传动部分、执行部分和控制部分等。图 0-2 所示的台式钻床中，动力部分为电动机，传动部分为带传动机构和主轴箱中的齿轮齿条进给机构，执行部分为钻夹头夹持的麻花钻，控制部分为电源开关。麻花钻的旋转由电动机经过带传动机构带动，麻花钻的升降则通过旋转进给手柄经过齿轮齿条进给机构传动完成。

　　机器各组成部分的作用和应用举例见表 0-1。

2. 零件与构件

　　零件是机器及各种设备的基本组成单元，如图 0-3 所示汽油机连杆体上的螺母、螺栓、轴套等。有时也将用简单方式连成的单元件称为零件，如轴承等。

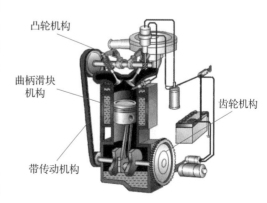

凸轮机构

曲柄滑块
机构

齿轮机构

带传动机构

图 0-1　汽油机的组成

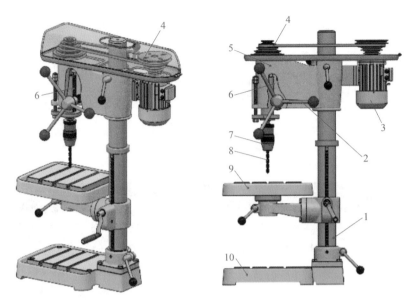

图 0-2　台式钻床

1—立柱　2—进给手柄　3—电动机　4—带传动机构　5—主轴箱
6—齿轮齿条进给机构　7—钻夹头　8—麻花钻　9—可调工作台　10—底座

表 0-1　　　　　　　　　　　机器各组成部分的作用和应用举例

组成部分	作用	应用举例
动力部分	把其他类型的能量转换为机械能，以驱动机器各运动部件运动	电动机、内燃机、蒸汽机和空气压缩机等
传动部分	将原动机的运动和动力传递给执行部分	金属切削机床中的带传动、螺旋传动、齿轮传动、连杆机构等
执行部分	直接完成机器的工作任务，处于整个传动装置的终端	金属切削机床中的主轴、滑板等
控制部分	显示和反映机器的运行位置和状态，控制机器正常运行和工作	机电一体化产品（数控机床、机器人）中的控制装置等

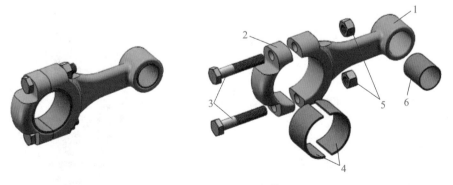

图 0-3　汽油机连杆体

1—连杆体　2—连杆盖　3—螺栓　4—轴瓦　5—螺母　6—轴套

构件是机构中的运动单元体，如图 0-4 所示内燃机曲柄滑块机构中的曲柄、连杆、活塞、机体等。

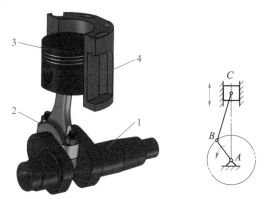

图 0-4　内燃机曲柄滑块机构
1—曲轴　2—连杆　3—活塞（滑块）　4—气缸（机体）

零件与构件的区别在于：零件是最小的制造单元，构件是运动单元。构件可以是一个独立的零件，也可以由若干零件组成。零件、构件、机构、机器、机械的关系如图 0-5 所示。

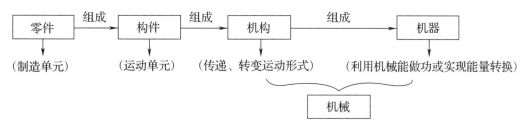

图 0-5　零件、构件、机构、机器、机械的关系

二、机械零件的结构工艺性和承载能力

1. 机械零件的结构工艺性

机械零件的结构工艺性是指在进行零件设计时，从选材、毛坯制造、机械加工、装配以及维修保养等方面所考虑的工艺问题。机械零件具有良好的结构工艺性，是指在既定的生产条件下，能够方便而经济地将其生产出来，并方便地装配成机器这一特性。机械零件的结构工艺性应从毛坯制造、机械加工及装配过程等几个生产环节加以综合考虑。

例如，对于如图 0-6 所示轴，为了便于装配零件，要去除毛刺并在轴端加工 45°倒角；需要磨削加工的轴段，要留有砂轮越程槽；需要加工螺纹的轴段，要留有退刀槽。

2. 机械零件的承载能力

在住宅小区、商场乘坐电梯时，如果乘坐的人过多，电梯就会报警并提示"超载"，从而无法正常工作，这就是乘客过多超出了电梯的承载能力（图 0-7）而导致的。

正如电梯具有一定的承载能力，为了保证机械零件在载荷作用下能够正常工作，必须要求每个零件都具有足够的承受载荷的能力，简称承载能力。如图 0-8 所示的电动葫芦，它的起吊量受其承载能力的限制；如图 0-9 所示汽车轮胎的紧固螺栓，在使用过程中需要具有一定的承载能力，以保障车上人员的安全。

图 0-6　轴

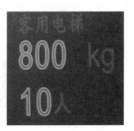

图 0-7　电梯的承载能力

图 0-8　电动葫芦

图 0-9　汽车轮胎的紧固螺栓

任何机械零件工作时都会受到力的作用，在这些力的作用下，材料所表现出来的性能称为材料的力学性能。力学性能主要包括强度、塑性、硬度、冲击韧性和疲劳强度等。

三、摩擦、磨损和润滑

观察思考

甲、乙两队进行拔河比赛（图 0-10），比赛的胜负取决于较多因素，包括队员的手与绳子之间的摩擦力、队员的鞋与地面之间的摩擦力，以及拔河姿势和人的肌肉的持久力等。想一想，如何能够在拔河比赛中取胜？

图 0-10　拔河比赛

在冰面上行驶的汽车，通常要在车轮上加装防滑链，如图 0-11 所示，你能说出其中的原因吗？如果不加装防滑链，会产生怎样的后果？

戴在手上的戒指取不下来时，你有什么好办法将其取下吗？其原理是什么？

图 0-11　在车轮上加装防滑链

上述现象和问题说明了什么？

摩擦是自然界普遍存在的现象。两个相互接触的表面发生相对运动或具有相对运动趋势时，在接触表面间产生的阻碍相对运动或相对运动趋势的现象称为摩擦。阻碍相对运动或相对运动趋势的力称为摩擦力。

摩擦的分类方法很多，常见的分类方法如图 0-12 所示。

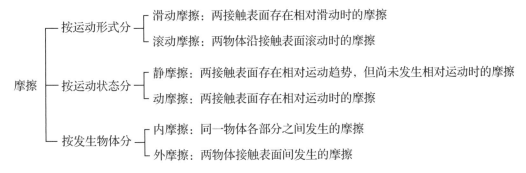

图 0-12　摩擦的分类方法

1. 摩擦的应用

在工程和生活中，摩擦有其有利的一面。例如，举重（图 0-13）运动员在抓举前要抹防滑粉，从而增大手握杠铃杆时的摩擦力；自行车上的制动装置（图 0-14）也利用了摩擦。

2. 减小摩擦的方法

摩擦也有其不利的一面。例如，机器运转时产生的摩擦会造成能量的无益损耗和机器使用寿命的缩短；相互摩擦的两个零件会产生磨损，零件磨损到一定程度就会失效。

图 0-13　举重

图 0-14　自行车上的制动装置

　　一切进行相对运动的机械零部件表面间都存在摩擦现象，都会产生磨损。为了防止零件因磨损而失效，需要进行润滑，即在两摩擦面间加入能减小摩擦、减轻磨损的物质，这些物质就是润滑剂。摩擦与润滑在很多情况下是密不可分的，因此要研究和掌握摩擦规律，趋利避害，通过润滑来减小摩擦，从而提高机械效率，减轻磨损，延长机械使用寿命。

第1章

杆件的静力分析

§1-1　力的概念与基本性质

力在人们的生产劳动和日常生活中处处可见。例如，提水、掰手腕等活动都会引起肌肉紧张收缩的感觉，从而让我们体会到力的存在。

一、力的概念

力是使物体的运动状态发生变化或使物体产生变形的物体间的相互作用，力的作用效果如图 1-1-1 所示。实践表明，力对物体的作用效果取决于力的三要素：力的大小、方向和作用点，如图 1-1-2 所示。

图 1-1-1　力的作用效果

a）踢出的足球　b）弹簧受压后发生压缩变形

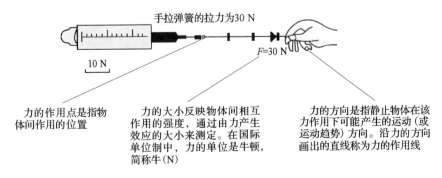

手拉弹簧的拉力为30 N

力的作用点是指物体间作用的位置

力的大小反映物体间相互作用的强度，通过由力产生效应的大小来测定。在国际单位制中，力的单位是牛顿，简称牛（N）

力的方向是指静止物体在该力作用下可能产生的运动（或运动趋势）方向。沿力的方向画出的直线称为力的作用线

图 1-1-2　力的三要素

夹紧力作用点的选择

在机械加工中，工件在夹具中定位以后必须用力来夹紧，夹紧力三要素的选择正确与否，会直接影响加工质量。

如加工发动机连杆内孔时，若夹紧力 F 的作用点选取在连杆的中点（图 1-1-3a），会使连杆产生弯曲变形，影响加工精度。为了使工件不产生弯曲变形，夹紧力 F 应作用在连杆两端的端面上（图 1-1-3b）。

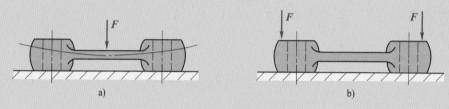

图 1-1-3　夹紧力作用点的选择

a）作用在连杆中点　b）作用在连杆两端的端面上

二、力的基本性质

1. 作用与反作用公理（公理 1）

如图 1-1-4 所示，用绳子悬挂一个重物，绳子给重物一个向上的力 F，同时重物也给绳子一个向下的力 F'，F 与 F' 等值、反向、共线。若绳子被剪断，则 F 与 F' 同时消失。

由此得到作用与反作用公理：两个物体间的作用力与反作用力总是同时存在、同时消失，且大小相等、方向相反，其作用线在同一直线上，分别作用在这两个物体上。

2. 二力平衡公理（公理 2）

如图 1-1-5 所示，重 10 N 的书本放在桌子上，它受到重力 G 和支持力 N 的作用而处于平衡状态。显然，$G=-N=10$ N（负号说明书所受重力 G 的方向与书所受支持力 N 的方向相反），即两力等值、反向、共线。

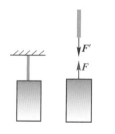

图 1-1-4　作用与反作用公理示意图

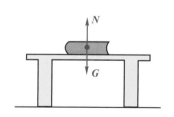

图 1-1-5　二力平衡公理示意图

由此可以得到二力平衡公理：作用于同一刚体上的两个力，使刚体平衡的充分且必要条件是这两个力大小相等、方向相反，且作用在同一条直线上。

需要指出的是，二力平衡条件只适用于刚体。刚体是指在力的作用下形状和大小都保持不变的物体（理想模型）。对于变形体，二力平衡条件只是必要的，而非充分的，如受等值、反向、共线的两个压力作用的绳索不能保持平衡（图 1-1-6）。

图 1-1-6　受等值、反向、共线的两个压力作用的绳索不能保持平衡

工程应用

巧拆锈死螺母

在日常的维修工作中，经常会遇到一些螺栓、螺母由于长期没有拆卸而锈死的现象。在现有简单拆卸工具的情况下，若用扳手强行拆卸，势必会损坏螺母及其连接件，甚至损坏机体。此时，若用下述方法就能轻松地将螺母拆下，保证维修工作的正常进行。

双手各拿一把型号相同的锤子，正对六角螺母的对边依次用力打 2~3 下，六角螺母受力如图 1-1-7 所示。要领是两手控制两锤子的运动方向，尽量保证施力大小相等，且同时击打螺母的相对面。这样，螺栓与螺母锈死的部位就会在两个大小相等、方向相反力的作用下产生松动，然后即可用扳手轻松地拆下螺母。

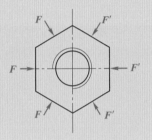

图 1-1-7　六角螺母受力

想一想，这种方法应用了力的什么原理？日常生活中还可以采用什么方法来巧拆锈死螺母？

3. 力的平行四边形公理（公理 3）

由图 1-1-8 可以得到力的平行四边形公理：作用于物体上同一点的两个力，可以合成为一个合力，合力也作用于该点上，其大小和方向可用以这两个力为邻边所构成的平行四边形的对角线来表示。

运送同样的货物，可以由一头大象来完成，也可以由人力队伍来完成。从力的效果来看，一头大象的拉力效果与人力队伍的拉力效果相同

图 1-1-8　人力队伍与大象运送货物

推论（三力平衡汇交定理）：若作用于物体同一平面上的三个互不平行的力使物体平衡，则它们的作用线必汇交于一点。如图 1-1-9 所示，物体受 F_1、F_2、F_3 作用（作用点分别为 A、B、C）而处于平衡状态，则这三个力的作用线必汇交于一点 O。

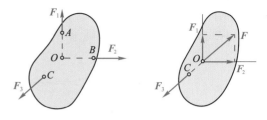

图 1-1-9　三力平衡

§1-2　力矩、力偶、力的平移

一、力矩

1. 力对点的矩

观察思考

观察两个人推门（图 1-2-1）的画面，说说在什么情况下，门向哪边转动（是开还是关）。在用扳手拧螺母（图 1-2-2）时，怎样才能做到最省力？由此你能总结出转动效果与哪些因素有关吗？

图 1-2-1　两个人推门

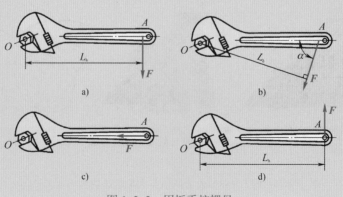

图 1-2-2　用扳手拧螺母

以用扳手拧螺母为例，人们用 F 与 h 的乘积作为力 F 使螺母绕点 O 转动效应的度量，点 O 称为矩心，距离 h 称为 F 对点 O 的力臂。

力 F 对点 O 的矩定义为：力的大小 F 与力臂 h 的乘积，用符号 $M_O(F)$ 表示。通常规定：力使物体绕矩心逆时针方向转动时，力矩为正，反之为负。在国际单位制中，力矩的单位为牛·米（N·m）。

$$M_O(F) = \pm F \cdot h$$

提示

力矩总是相对于矩心而言的，不指明矩心来谈力矩是没有任何意义的。这就是说，作用于物体上的力可以以任意点为矩心，矩心不同，力对物体的力矩也不同。

2. 合力矩定理

平面汇交力系的合力对平面内任意点的矩，等于力系中各分力对同一点力矩的代数和。即

$$M_O(F) = M_O(F_1) + M_O(F_2) + \cdots + M_O(F_n) = \sum_{i=1}^{n} M_O(F_i)$$

其中，$F = F_1 + F_2 + \cdots + F_n = \sum_{i=1}^{n} F_i$。

3. 力矩的平衡条件

在日常生活和生产中，常会遇到绕定点（轴）转动的物体（这种物体通常称为杠杆）平衡的情况，如图 1-2-3 所示的杆秤、汽车制动踏板等。

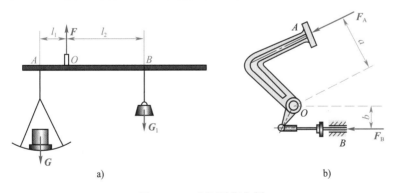

图 1-2-3　力矩平衡实例

a）杆秤　b）汽车制动踏板

以汽车制动踏板为例，在具有固定转动中心的物体上作用有两个力，各力对转动中心 O 点的矩分别为

$$M_O(F_A) = F_A \cdot a, \quad M_O(F_B) = -F_B \cdot b$$

由于物体平衡，顺时针方向转动效果等于逆时针方向转动效果，所以有

$$M_O(F_A) + M_O(F_B) = 0$$

绕定点转动的物体平衡的条件是：各力对转动中心点 O 的矩的代数和等于零，即合力

矩为零。用公式表示为

$$M_O(F_1)+M_O(F_2)+\cdots+M_O(F_n)=0 \quad 或 \quad \sum_{i=1}^{n}M_O(F_i)=0$$

双动气缸均压式夹紧装置

如图 1-2-4 所示为双动气缸均压式夹紧装置。它由杠杆、夹具体、气缸和弹簧等组成。该装置由活塞推动杠杆绕支点 B 转动，从而使杠杆在 C 点夹紧工件。

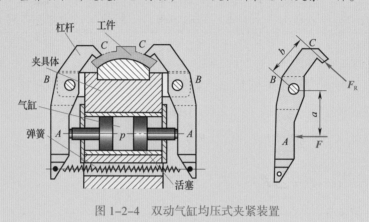

图 1-2-4 双动气缸均压式夹紧装置

二、力偶

观察如图 1-2-5 所示攻螺纹和安装汽车轮胎的操作过程（或播放相关视频），想一想，为什么操作人员总是双手操作？他们施力的方式有何特点？

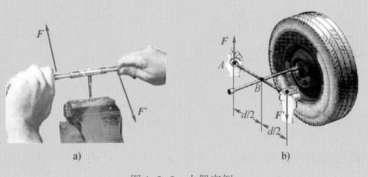

图 1-2-5 力偶实例

1. 力偶的概念

类似图 1-2-5 中这样一对等值、反向且不共线的平行力称为力偶，用符号（F，F'）表示。两个力作用线之间的垂直距离称为力偶臂，两个力作用线所确定的平面称为力偶的作用面。

　　实验表明，力偶对物体只能产生转动效应，且当力越大或力偶臂越大时，力偶使物体转动的效应就越显著。在平面问题中，将力偶中一个力的大小和力偶臂的乘积冠以正负号作为力偶对物体转动效应的度量，称为力偶矩。用 M 或 M（$\boldsymbol{F}$，$\boldsymbol{F'}$）表示为

$$M = \pm F \cdot d$$

　　力偶矩是代数量，一般规定：使物体逆时针方向转动的力偶矩为正，反之为负。力偶矩的单位是 N·m，读作"牛米"。

2. 力偶的特性

　　（1）力偶中的两个力在力偶的作用面内任意坐标轴上的投影的代数和等于零，因而力偶无合力，同时也不能和一个力平衡，力偶只能用力偶来平衡。

　　（2）力偶对其作用面内任意点的矩恒为常数，且等于力偶矩，与矩心的位置无关。

　　推论 1：力偶可在其作用面内任意移动和转动，而不改变它对物体的作用效果（图 1-2-6）。

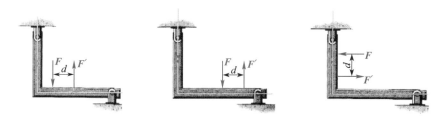

图 1-2-6　力偶在其作用面内任意移动和转动

　　推论 2：同时改变力偶中力的大小和力偶臂的长短，只要保持力偶矩的大小和力偶的转向不变，就不会改变力偶对物体的作用效果。

三、力向一点平移

观察思考

　　观察图 1-2-7 中书本的受力情况。在图 1-2-7a 中，当力 F 通过书本的重心 C 时，书本沿力的作用线只发生移动。在图 1-2-7b 中，将力 F 平行移动到任意点 D，书本将产生怎样的运动？在什么条件下，书本仍可以沿力的作用线只发生移动？

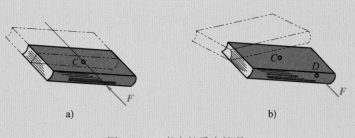

图 1-2-7　书本的受力情况

a）力的作用线通过重心　b）力平行移动到任意点（不通过重心）

如图 1-2-8a 所示，F 是作用在刚体上点 A 的一个力，点 O 是刚体上力的作用面内的任意点，在点 O 加上两个等值、反向的力 F' 和 F''，并使这两个力与力 F 平行且 $F=F'=F''$，如图 1-2-8b 所示。显然，由力 F、F' 和 F'' 组成的新力系与原来的一个力 F 等效。

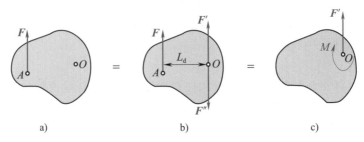

图 1-2-8 力的等效
a）A 点作用力 b）O 点加两个等值、反向的力 c）O 点的等效力系

这三个力可以看作是一个作用于点 O 的力 F' 和一个力偶（F，F''）。这样，原来作用在点 A 上的力 F，现在被力 F' 和力偶（F，F''）等效替换。由此可见，把作用在点 A 上的力 F 平移到点 O 时，若要使其与作用在点 A 上时等效，必须同时加上一个相应的力偶（F，F''），这个力偶称为附加力偶，如图 1-2-8c 所示，此附加力偶矩的大小为

$$M = M_O(F) = -F \cdot L_d$$

上式说明，附加力偶矩的大小及转向与力 F 对点 O 的矩相同。

由此得到力的平移定理：若将作用在刚体某点上的力平移到刚体上任意点而不改变原力的作用效果，则必须同时附加一个力偶，这个力偶的力偶矩等于原来的力对新作用点的矩。

工程应用

前面的"观察思考"中提到要双手同时用力攻螺纹，为什么不能用一只手握住铰杠的一端攻螺纹呢？下面用力的平移定理进行解释。

单手攻螺纹时铰杠的受力情况如图 1-2-9 所示，作用于 A 点上的力 F 与作用于 O 点上的力 F' 和力偶矩 M 等效。力 F' 可以认为是将作用于 A 点上的力 F 平移过来的。M 为附加力偶矩，即力对矩心 O 的力矩 $M_O(F)$，该力偶使铰杠和丝锥绕垂直于图面的轴线 O 转动，但丝锥上同时受到横向力 F' 作用，力 F' 很容易使丝锥折断。

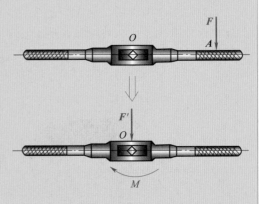

图 1-2-9 单手攻螺纹时铰杠的受力情况

§1-3 约束、约束力、力系和受力图的应用

一、约束与约束力

1. 约束与约束力的概念

对非自由物体的限制称为约束。自由物体和非自由物体如图 1-3-1 所示。当物体沿约束所能限制的方向有运动趋势时，约束为了阻碍物体的运动，必然对物体产生力的作用，这种力称为约束力。

气球在空间的运动是不受限制的——自由物体

气球在空间的运动受到了限制——非自由物体

图 1-3-1　自由物体和非自由物体

2. 常见的约束及其约束力

常见的约束及其约束力见表 1-3-1。

表 1-3-1　　　　　　　　　　常见的约束及其约束力

类型	说明		
柔索约束	定义：由柔软而不计自重的绳索、链条、传动带等所构成的约束	约束特点：只能承受拉力，不能承受压力	约束力：方向通过连接点，沿绳索等的中心线背离被约束的物体。通常用 F_T 或 F_S 表示
	受力图		连接于铁环 A 的钢丝绳吊起减速器箱盖

类型	说明		
光滑接触面约束	定义：由光滑接触面所构成的约束	约束特点：物体可以沿光滑的支承面自由滑动，也可以向背离支承面的方向运动，但不能沿接触面法线向支承面的方向运动	约束力：方向沿接触面的公法线指向受力物体。通常用 F_N 表示
	 受力图		物体与约束在 A、B、C 三处接触，其接触面上的摩擦力很小，可略去不计
光滑圆柱铰链约束	定义：用销钉将两个具有相同直径圆柱孔的物体连接起来，不计销钉与销钉孔壁之间的摩擦，这种约束简称铰链约束	约束特点：只能限制两物体在垂直于销钉轴线的平面内沿任意方向的相对移动，而不能限制物体绕销钉轴线的相对转动和沿其轴线方向的相对移动	约束力：作用在与销钉轴线垂直的平面内，并通过销钉中心，方向待定。工程中常用通过铰链中心的相互垂直的两个分力 F_{Ax}、F_{Ay} 表示
	 受力图		
固定铰链支座约束	定义：销钉连接的两构件中，有一个是固定构件。销钉将支座（固定部分）与构件（被约束部分）连接，构件可绕销钉的轴线旋转	约束特点：能限制物体（构件）沿销钉半径方向的移动，但不限制其转动	约束力：通过销钉的中心，大小及方向一般不能由约束本身的性质决定，需根据构件受力情况来定。常用相互垂直的两个分力 F_{Ax} 和 F_{Ay} 表示
	 简图　　　　受力图		

类型	说明		
活动铰链支座约束	定义：工程中常将桥梁、房屋等结构用铰链连接在有几个圆柱形滚子的活动支座上，支座在滚子上可以做左右相对运动	约束特点：在不计摩擦的情况下，能够限制被连接件沿支承面法线方向的上下运动	约束力：约束力作用线必通过铰链中心，并垂直于支承面，其指向随受载荷情况的不同而指向或背离被约束物体
	简图　　受力图		
固定端约束	定义：工程上，类似房屋的雨篷嵌入墙内、电线杆下段埋入地下等，其结构或构件的一端牢固地插入支承物里而构成的约束称为固定端约束	约束特点：不允许被约束物体与约束之间发生任何相对移动和转动	约束力：在约束端拆分成水平和垂直方向的约束力 F_{Ax}、F_{Ay}，以及一个转矩 M_A
	简图　　受力图		

二、力系

作用在物体上的所有的力称为力系。在工程中，作用在物体上的力系往往有多种形式。如果力系中的各力作用在同一平面内，则称为平面力系。平面力系又分为平面汇交力系、平面平行力系和平面一般力系。如果力系中的各力不是作用在同一平面内，则称为空间力系。

平面力系的分类与力学模型见表 1-3-2。

表 1-3-2　　　　　　　　　　　平面力系的分类与力学模型

分类	工程实例	力学模型	描述
平面汇交力系			作用在物体上的各力的作用线都在同一平面内，且都汇交于一点

分类	工程实例	力学模型	描述
平面平行力系	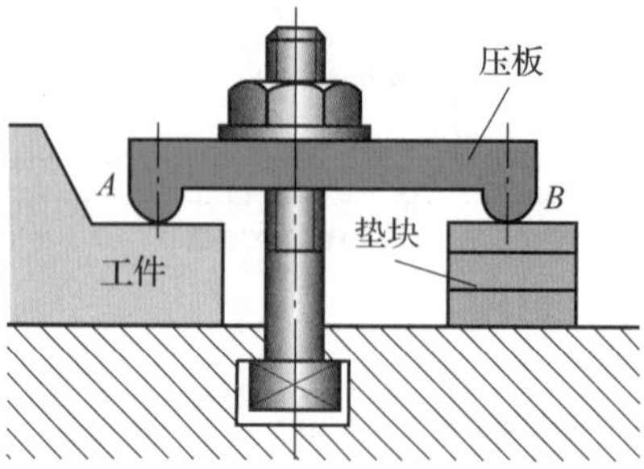	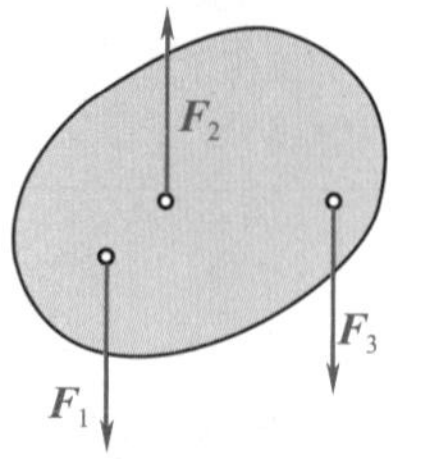	平面力系中各力的作用线相互平行
平面一般力系	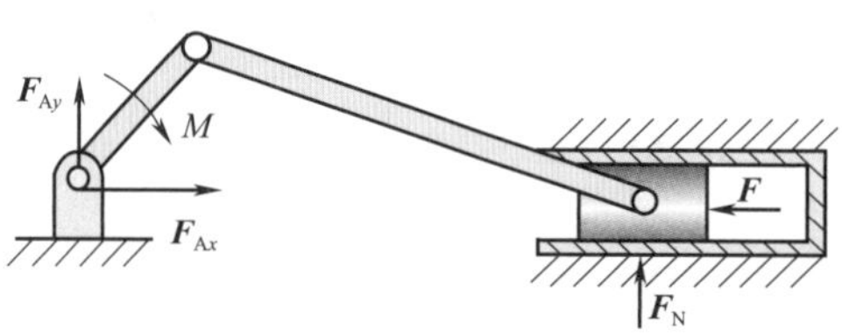	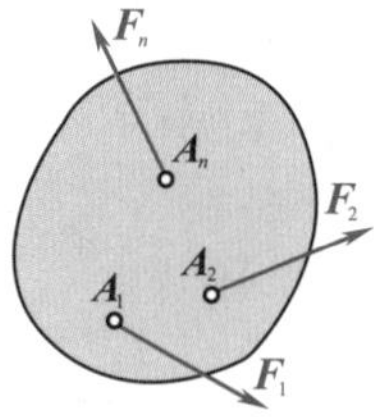	作用在物体上的力的作用线都在同一平面内，且呈任意分布

三、杆件的受力分析与受力图

主动力与约束力都是物体所受的外力，研究物体的平衡状态就是研究外力之间的关系。为了分析某一物体的受力情况，往往需要解除限制该物体运动的全部约束，把该物体从与它相联系的周围物体中分离出来，这样分离出来的物体称为隔离体。然后，将周围各物体对隔离体的各种作用力（包括主动力与约束力）全部用力的矢量线表示在隔离体上。这种画有隔离体及其所受的全部作用力的简图称为物体的受力图。

画物体受力图的方法与步骤如下：

（1）取隔离体（研究对象），找其接触点（研究对象与周围物体的连接关系）。

（2）画出研究对象所受的全部主动力（使物体产生运动或运动趋势的力）。

（3）在接触点存在约束的地方，按约束类型逐一画出约束力。画约束力时，应取消约束，而用约束力来代替它的作用。

提示

（1）若机构中有二力构件，应先分析二力构件的受力情况，然后画出其他物体的受力图，这样由简到难易于掌握。

（2）凡未说明或图中未画出重力的就是不计重力；凡未提及摩擦的，接触面视为光滑。

（3）一对作用力与反作用力要用同一字母表示，并在其中一个力的字母右上方加上"'"以示区别。作用力的方向确定了，反作用力的方向就不能随便假设，一定要符合作用与反作用公理。

【例 1-3-1】 重力为 G 的梯子 AB 放置在光滑的水平地面并靠在竖直墙上，在 D 点用一根水平绳索将其与墙相连，如图 1-3-2a 所示。试画出梯子的受力图。

分析：梯子所受重力为主动力，除此之外，梯子与外界有 A、C、D 三个接触点，且每一个接触点都存在约束力。

解：

（1）将梯子从周围物体中分离出来，作为分离体。

（2）画出主动力，即梯子所受重力 G，其作用于梯子的重心（几何中心），方向竖直向下。

（3）画出地面和墙面对梯子的约束力。根据光滑接触面约束的特点，A、C 处的约束力 F_{NA}、F_{NC} 分别与地面和梯子垂直并指向梯子。

（4）D 点绳索提供的约束力 F_T 应沿绳索方向并离开梯子。

梯子的受力图如图 1-3-2b 所示。

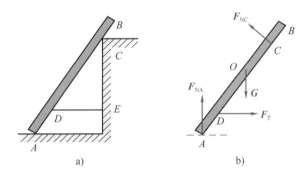

图 1-3-2 梯子及其受力图

【例 1-3-2】 如图 1-3-3a 所示，简支梁 AB 的中点受到集中力 F 的作用，A 端为固定铰链支座约束，B 端为活动铰链支座约束。试画出梁的受力图（梁自重忽略不计）。

分析：梁 AB 为三力构件，F 为主动力，A、B 两点为铰链支座约束。

解：

（1）取梁 AB 为研究对象，解除 A、B 两处的约束，画出其分离体简图。

（2）在梁的中点 C 处画出主动力 F。

（3）在受约束的 A 处和 B 处，根据约束类型画出约束力。B 处为活动铰链支座约束，其约束反力通过铰链中心且垂直于支承面；A 处为固定铰链支座约束，其约束反力可用通过铰链中心 A 并相互垂直的分力 F_{Ax}、F_{Ay} 表示。

梁的受力图如图 1-3-3b 所示。

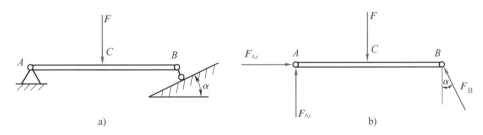

图 1-3-3 梁的受力图

§1-4　平面力系的平衡方程及应用

一、平面力系的分析方法

1. 力的分解与投影

将一个力化作等效的两个或两个以上分力的过程，称为力的分解。工程中最常用的是正交分解法，即分解成两个相互垂直的分力，如图 1-4-1 所示。需要注意的是，力的分解是矢量分解的概念，分解后的力 F_1 和 F_2 是矢量（既有大小，又有方向）。

为了能用代数计算方法求合力，需引入力在坐标轴上的投影这一概念。力在直角坐标轴上的投影类似于物体的平行投影，如图 1-4-2 所示。

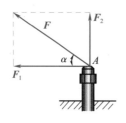

图 1-4-1　力的分解

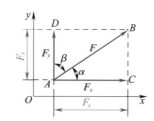

图 1-4-2　力在直角坐标轴上的投影

力的投影为代数量，其正负号规定为：投影的指向与坐标轴的方向相同为正，反之为负。由直角三角形 ACB 可以得到投影的计算公式为

$$F_x = F\cos\alpha , \quad F_y = F\cos\beta = F\sin\alpha$$

当力在坐标轴上的投影 F_x 和 F_y 都已知时，力 F 的大小和方向可按以下公式确定：

$$F = \sqrt{F_x^2 + F_y^2} , \quad \tan\alpha = \frac{F_y}{F_x}$$

式中，α 表示力 F 与 x 轴正向的夹角，β 表示力 F 与 y 轴正向的夹角。

【例 1-4-1】　试求图 1-4-3 中所示 F_1、F_2、F_3 各力在 x 轴及 y 轴上的投影。

解：

$$F_{1x} = -F_1\cos60° = -0.5F_1$$
$$F_{1y} = F_1\sin60° \approx 0.866F_1$$
$$F_{2x} = -F_2\sin60° \approx -0.866F_2$$
$$F_{2y} = -F_2\cos60° = -0.5F_2$$
$$F_{3x} = 0$$
$$F_{3y} = -F_3$$

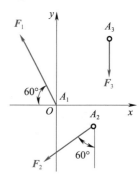

图 1-4-3　力系

2. 平面一般力系的简化

如图 1-4-4 所示，设刚体上作用有平面一般力系（F_1、F_2、…、F_n），在平面内任取一点 O 作为简化中心。根据力的

20

平移定理，将力系中的各力分别平移到简化中心 O，得到一个平面汇交力系和一个附加力偶系（平面一般力系向已知中心点简化后得到一个力和一个力偶）：

$$\boldsymbol{F}' = \boldsymbol{F}_1' + \boldsymbol{F}_2' + \cdots + \boldsymbol{F}_n'$$

$$M_O = M_1 + M_2 + \cdots + M_n \quad 或 \quad M_O = M_O(\boldsymbol{F}_1) + M_O(\boldsymbol{F}_2) + \cdots + M_O(\boldsymbol{F}_n)$$

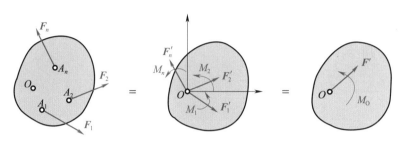

图 1-4-4　刚体受力的简化

二、平面力系的平衡方程

1. 平面一般力系的平衡方程

由平面一般力系的简化结果可知：若平面一般力系平衡，则作用于简化中心的平面汇交力系和附加力偶系也必须同时满足平衡条件。由此可知，物体在平面一般力系作用下，既不发生移动，也不发生转动的静力平衡条件为：各力在任意两个相互垂直的坐标轴上的分量的代数和均为零，且力系中各力对平面内任一点的力矩的代数和也等于零。

平面一般力系平衡必须同时满足表 1-4-1 中的三个平衡方程，这三个方程彼此独立，可求解三个未知量。

表 1-4-1　　　　　　　　　　　　　　平面一般力系的平衡方程

基本形式	二力矩式	三力矩式
$$\begin{cases} \sum F_{ix} = 0 \\ \sum F_{iy} = 0 \\ \sum M_O(\boldsymbol{F}_i) = 0 \end{cases}$$	$$\begin{cases} \sum F_{ix} = 0 \\ \sum M_A(\boldsymbol{F}_i) = 0 \\ \sum M_B(\boldsymbol{F}_i) = 0 \end{cases}$$	$$\begin{cases} \sum M_A(\boldsymbol{F}_i) = 0 \\ \sum M_B(\boldsymbol{F}_i) = 0 \\ \sum M_C(\boldsymbol{F}_i) = 0 \end{cases}$$
前两个方程称为投影方程，后一个方程称为力矩方程	使用条件：x 轴与 AB 连线不垂直 前一个方程称为投影方程，后两个方程称为力矩方程	使用条件：A、B、C 三点不共线 三个方程均为力矩方程

提示

用平面一般力系的平衡方程解题的步骤为：

选取研究对象→进行受力分析并画出受力图→选取坐标系，计算各力的投影；选取矩心，计算各力的矩→列平衡方程，求解未知量。

恰当选取矩心的位置和坐标轴的方向，可使计算简化。例如，矩心可选在两未知力的交点，坐标轴尽量与未知力垂直或与多数力平行。

【例 1-4-2】 曲柄冲压机如图 1-4-5a 所示，冲压工件时冲头 B 受到工件的阻力（F = 30 kN），试求当 α = 30° 时连杆 AB 所受的力及导轨的约束力。

解：

（1）取冲头 B 为研究对象，其受力图如图 1-4-5b 所示。

（2）作用于冲头 B 的力有工作阻力 $\boldsymbol{F}$、导轨约束力 $\boldsymbol{F}_N$ 和连杆作用力 $\boldsymbol{F}_{AB}$。连杆 AB 为二力杆，连杆受压力（图 1-4-5c），为压杆，$\boldsymbol{F}_{AB}$ 的方向沿连杆轴线并指向冲头 B。建立坐标系，如图 1-4-5b 所示。

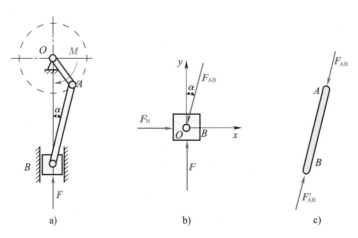

图 1-4-5 曲柄冲压机的受力分析

a）已知条件 b）冲头的受力分析 c）连杆的受力分析

（3）作投影

$$F_{ABx} = -F_{AB}\sin\alpha , \quad F_{ABy} = -F_{AB}\cos\alpha$$

$$F_x = 0, \quad F_y = F$$

$$F_{Nx} = F_N, \quad F_{Ny} = 0$$

（4）列出平衡方程求解

$$\sum F_{ix} = 0, \quad F_N - F_{AB}\sin\alpha = 0$$

$$\sum F_{iy} = 0, \quad F - F_{AB}\cos\alpha = 0$$

解得

$$F_{AB} = \frac{F}{\cos\alpha} = \frac{30 \text{ kN}}{\cos 30°} \approx \frac{30 \text{ kN}}{0.866} \approx 34.64 \text{ kN}$$

$F_N = F_{AB}\sin\alpha = F_{AB}\sin 30° \approx 34.64 \times 0.5 \text{ kN} = 17.32 \text{ kN}$（力的方向与图示方向相同）

由作用与反作用公理可知，连杆 AB 所受的压力为 34.64 kN，导轨的约束力为 17.32 kN。

2. 平面平行力系的简化与平衡方程

平面平行力系是平面一般力系的特例。如取 y 轴平行于各力作用线（图 1-4-6），则各力在 x 轴上的投影恒等于零，即 $\sum F_{ix} \equiv 0$。平面平行力系的平衡方程见表 1-4-2。

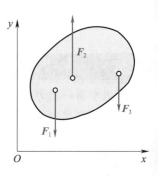

图 1-4-6 平面平行力系

表 1-4-2   平面平行力系的平衡方程

基本形式	二力矩式
$\begin{cases} \sum F_{iy} = 0 \\ \sum M_O(\boldsymbol{F}_i) = 0 \end{cases}$	$\begin{cases} \sum M_A(\boldsymbol{F}_i) = 0 \\ \sum M_B(\boldsymbol{F}_i) = 0 \end{cases}$
	使用条件:A、B 连线不能与力的作用线平行

【例 1-4-3】 铣床夹具上的压板 AB 如图 1-4-7a 所示,在拧紧螺母后,螺母对压板的压力 F=4 kN。已知 l_1=50 mm,l_2=75 mm,试求压板对工件的压紧力及垫块所受的压力。

分析:取压板 AB 为研究对象,其重力可以忽略不计,压板虽有三个接触点,但其受力构成平面平行力系,并不属于三力构件。

解:

(1)取压板 AB 为研究对象,画受力图,如图 1-4-7b 所示。

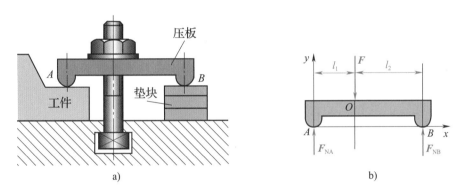

a)   b)

图 1-4-7 铣床夹具上的压板及受力分析

(2)列平衡方程。由平面平行力系平衡方程的一般式得

$$\sum F_{iy}=0, \quad F_{NA}+F_{NB}-F=0 \tag{①}$$

$$\sum M_A(\boldsymbol{F}_i)=0, \quad F_{NB}(l_1+l_2)-Fl_1=0 \tag{②}$$

(3)解方程。由式②得

$$F_{NB}=\frac{Fl_1}{l_1+l_2}=\frac{4 \text{ kN} \times 50}{50+75}=1.6 \text{ kN}$$

将 F_{NB} 代入式①得

$$F_{NA}=F-F_{NB}=4 \text{ kN}-1.6 \text{ kN}=2.4 \text{ kN}$$

根据作用与反作用公理,压板对工件的压紧力为 2.4 kN,垫块所受的压力为 1.6 kN。

第 2 章

直杆的基本变形

§2-1 材料力学基础

观察思考

观察图 2-1-1，请从力学的角度思考下列问题：

（1）每个人所能承受的物重一样大吗？

（2）若扁担的材料已定，为保证能承受此重物的重力，其横截面形状、尺寸应如何选定？

（3）若扁担的横截面形状、尺寸已定，要扁担能承受此重物的重力，选用什么材料最经济？

（4）扁担弯曲成什么形状？

图 2-1-1　用扁担抬水桶

与上述扁担一样，任何构件在外力作用下，其几何形状和尺寸大小均会产生一定程度的改变，并在外力增加到一定程度时发生破坏。构件的过大变形或破坏，均会影响工程结构的正常工作。材料力学就是研究构件的变形、破坏与作用在构件上的外力、构件的材料选用及构件的结构形式之间的关系的学科，它也是使用、维护、改造机械设备和建筑结构中必不可少的知识。

本章节将研究构件在外力作用下的变形和破坏规律，主要介绍材料力学的基础知识及杆件的强度、刚度和稳定性等内容。

一、材料力学的研究模型

材料力学研究的对象是固体材料构件，它是由金属及其合金、工程塑料、复合材料、陶瓷、混凝土、聚合物等各种固体材料制成的构件，在载荷作用下将产生变形，故又称为变形固体。

变形固体的形式很多，进行简化之后，大致可归纳为四类：杆件、板、壳和块，如图 2-1-2 所示。

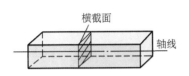

杆件：纵向（长度方向）尺寸远大于横
向（垂直于长度方向）尺寸的构件

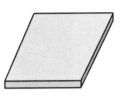

板：厚度远小于其他两个方向尺寸且中面
（平分其厚度的面）是平面的构件

壳：厚度远小于其他两个方向尺寸且中面
（平分其厚度的面）是曲面的构件

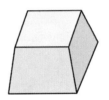

块：长、宽、厚三个方向上尺寸相差不大的
构件

图 2-1-2　变形固体的形式

若杆件的轴线（各横截面形心的连线）是直线，且各横截面形状和尺寸沿杆长方向不变，则这种杆件称为等截面直杆，简称为等直杆。本课程的主要研究对象就是等直杆。

二、变形固体的变形

在机械和结构件中，变形固体的变形通常可分为两种：弹性变形和塑性变形。

1. 弹性变形

任何构件受到外力作用后都会产生变形，当外力卸除后构件变形能完全消除的称为弹性变形。材料这种能消除由外力引起的变形的性能，称为弹性。在工程中，一般把杆件的变形限制在弹性变形范围内。

2. 塑性变形

如果外力作用超过弹性范围，卸除外力后，杆件的变形不能完全消除而残留一部分，这部分不能消除的变形称为塑性变形。材料产生塑性变形的性能，称为塑性。

在材料力学中要求构件只发生弹性变形，不允许出现塑性变形。在静力学的讨论中把构件看成是不变形的刚体，即忽略工程结构的材料属性，而实际上，刚体在自然界中是不存在的。在材料力学中，不再把构件视为刚体，而是如实地把它们视为变形固体。同时，在研究外力对构件的内效应时，既不允许将力沿作用线滑移，也不允许用等效力系来代替。

三、构件安全性指标

1. 强度要求

强度是指构件抵抗破坏的能力。

所谓强度要求，是指构件承受载荷作用后不发生破坏（即不发生断裂或塑性变形）时应具有的足够的强度。例如，图2-1-3所示起重用的钢丝绳，在起吊额定重量的物体时不能断裂。

图2-1-3　起重

2. 刚度要求

刚度是指构件抵抗变形的能力。

所谓刚度要求，是指构件承受载荷作用后不发生过大变形时构件应具有的足够的刚度。例如，图2-1-4所示车床主轴，即使有足够的强度，若变形过大，仍会影响工件的加工精度。

3. 稳定性要求

稳定性是指构件受外力作用时能在原有的几何形状下保持平衡状态的能力。

所谓稳定性要求，是指构件具有足够的稳定性，以保证在规定的使用条件下不丧失稳定性而破坏。例如，螺旋千斤顶（图2-1-5a）的螺杆和内燃机配气机构（图2-1-5b）的挺杆，当压力增大到一定程度时，杆件就会突然变弯，失去原有的直线平衡形式。

综上所述，保证构件安全工作的三项安全性指标是指构件必须具有足够的强度、刚度和稳定性。

一般来说，通过加大构件横截面尺寸或选用优质材料等措施，可以提高构件的强度、刚度和稳定性。但过分加大构件横截面尺寸或盲目选用优质材料，会造成材料的浪费和产品成本的增加。

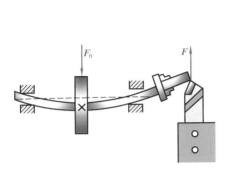

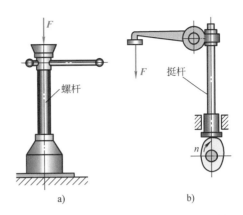

图 2-1-4　车床主轴

图 2-1-5　螺旋千斤顶和内燃机配气机构

a）螺旋千斤顶　b）内燃机配气机构

工程应用

　　建筑施工的脚手架（图 2-1-6）不仅需要有足够的强度和刚度，而且还要有足够的稳定性，否则在施工过程中会由于局部杆件或整体结构的不稳定性而导致整个脚手架的倾覆与坍塌，造成工程事故。

图 2-1-6　脚手架

　　作为一门学科，材料力学主要研究固体材料的宏观力学性能，以及工程结构元件与机械零件的承载能力。材料力学的基本任务是研究构件在外力作用下的变形与破坏规律，为设计既经济又安全的构件提供有关强度、刚度和稳定性分析的基本理论和方法。它对人类认识自然和解决工程技术问题起着重要的作用。

四、杆件变形的基本形式

　　工程中的杆件会受到各种形式的外力作用，因此杆件变形形式也是各式各样的。杆件的基本变形形式有四种，见表 2-1-1，工程中比较复杂的杆件变形一般是由这四种基本变形形式构成的组合变形。

表 2-1-1 杆件的基本变形形式

变形形式	图例	说明
轴向拉伸或压缩		杆件受到沿轴线方向的拉力或压力作用，杆件变形是沿轴向的伸长或缩短
剪切		杆件受到大小相等、方向相反且相距很近的两个垂直于杆件轴线方向的外力作用，杆件在两个外力作用面之间发生相对错动变形
扭转		杆件受到一对大小相等、转向相反且作用面与杆件轴线垂直的力偶作用，两力偶作用面间的各横截面将绕轴线产生相对转动
弯曲		横向外力作用在包含杆件轴线的纵向对称面内，杆件轴线由直线弯曲成曲线

观察思考

在材料拉伸试验机上拉伸一根直杆，当不断加大拉力时，直杆将发生变形直至断裂，如图 2-2-1 所示。观察直杆在拉伸过程中发生的变化（或播放相关视频），想一想是什么导致它发生这种变化的呢？

对图 2-2-2 中的起重机支腿进行受力分析，并将其适当简化。想一想，在这样的受力条件下，支腿会发生怎样的变化？如果支腿承受不住会发生什么事故？

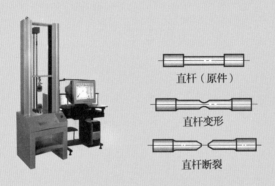

图 2-2-1 直杆拉伸

图 2-2-2 起重机支腿

在轴向力作用下，杆件产生伸长变形称为轴向拉伸，简称拉伸。在轴向力作用下，杆件产生缩短变形称为轴向压缩，简称压缩。

工程中有很多构件在工作时承受拉伸或压缩的作用。虽然杆件的外形各有差异，加载方式也不同，但对其受力情况一般可进行如图 2-2-3 所示的简化。

图 2-2-3　受力简化

观察轴向拉伸和压缩变形的例子，不难看出它们具有以下特点：

（1）受力特点：作用于杆件两端的外力大小相等、方向相反，作用线与杆件轴线重合。外力的合力作用线与杆件轴线重合。

（2）变形特点：杆件沿轴线方向伸长或缩短。

（3）杆件特点：等截面直杆。

一、内力

1. 内力的概念

当材料变形时，杆件内部质点之间产生了用来抵抗变形、企图使材料恢复原状的抵抗力，这种因外力作用而引起的杆件内部之间的相互作用力，称为附加内力，简称内力。外力越大，内力相应增大，变形也就越大，当内力超过一定限度时，杆件就会被破坏。

内力是由外力作用引起的，不同的外力会引起不同的内力，轴向拉、压变形时的内力称为轴力，如图 2-2-4 所示。

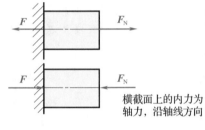

横截面上的内力为轴力，沿轴线方向

图 2-2-4　轴力

2. 内力的计算——截面法

如图 2-2-5 所示，杆件在发生拉压变形时，横截面上的内力是指横截面上所分布内力的合力。求内力时，在受轴向拉力 F 的杆件上作任意横截面 m—m，取左段部分为研究对象，并以内力的合力 F_N 代替右段对左段的作用力。

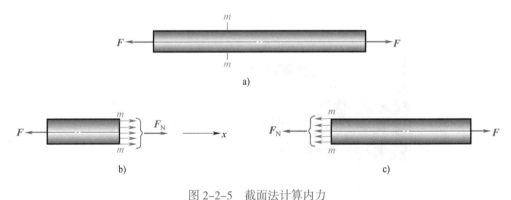

图 2-2-5　截面法计算内力

a）受力图　b）左段内力　c）右段内力

设 F_N 的方向如图 2-2-5b 所示，由共线力系的平衡条件 $\sum F_{ix}=0$ 得

$$F_N-F=0$$

$F_N=F$（合力 F_N 的方向与图示方向相同）

若取右段部分为研究对象（图 2-2-5c），同理，由共线力系的平衡条件 $\sum F_{ix}=0$ 得

$$F-F_N=0$$

$F_N=F$（合力 F_N 的方向与图示方向相同）

取上述杆件的一部分作为研究对象，利用静力平衡方程求内力的方法称为截面法。截面法是求内力的基本方法，不同变形形式下的内力都可以用此方法求解。

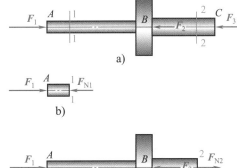

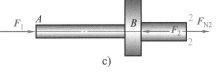

图 2-2-6　液压缸活塞杆的受力分析
a）活塞杆受力图　b）横截面 1—1　c）横截面 2—2

【例 2-2-1】　如图 2-2-6 所示为一个液压系统中液压缸的活塞杆。作用于活塞杆轴线上的外力可以简化为 F_1=9.2 kN，F_2=3.8 kN，F_3=5.4 kN。试求活塞杆横截面 1—1 和 2—2 上的内力。

分析：在选取研究对象求横截面上的内力时，应尽可能取受力较简单的部分，以便于计算。

解：

（1）计算横截面 1—1 上的内力

1）在 AB 段上取横截面 1—1 的左段为研究对象，画其受力图。

2）用 F_{N1} 表示右段对左段的作用力，设其方向指向横截面，如图 2-2-6b 所示。

3）取向右为 x 轴的正方向，列出横截面 1—1 左段的静力平衡方程，由 $\sum F_{ix}=0$ 得
$$F_1-F_{N1}=0$$
$$F_{N1}=F_1=9.2 \text{ kN（内力为压力）}$$

（2）计算横截面 2—2 上的内力

1）在 BC 段上取横截面 2—2 的左段为研究对象，画其受力图。

2）用 F_{N2} 表示右段对左段的作用，设其指向离开横截面，如图 2-2-6c 所示。

3）取向右为 x 轴的正方向，列出横截面 2—2 左段的静力平衡方程，由 $\sum F_{ix}=0$ 得
$$F_1+F_{N2}-F_2=0$$
$$F_{N2}=F_2-F_1=3.8 \text{ kN}-9.2 \text{ kN}=-5.4 \text{ kN（内力为压力）}$$

计算结果中的负号说明 F_{N2} 的实际指向与图示假设方向相反。

提示

截面法求内力的三个步骤为：截开→代替→平衡。

关于轴力的正负有以下规定：当轴力指向离开横截面时，杆件受拉，规定轴力为正；反之，当轴力指向横截面时，杆件受压，规定轴力为负。即拉为正，压为负。

二、应力

观察思考

如图 2-2-7 所示，两根材料一样、横截面面积不同的杆件所受外力相同，随着外力的增大，哪一根杆件先断？

图 2-2-7　不同横截面杆件受力情况

如前文所述，轴力 F_N 是整个横截面上的内力，大小只与外力有关，与横截面面积大小无关。如果两根杆件材料一样，所受外力相同，只是横截面面积大小不同，显然较细的杆件容易被破坏。因此，只知道内力还不能解决强度问题，必须综合内力和横截面面积这两个因素才能正确反映一个杆件的强度。

工程上常用应力来衡量构件受力的强弱程度。构件在外力作用下，单位面积上的内力称为应力。在某个截面上，与该截面垂直的应力称为正应力，与该截面相切的应力称为切应力。

由于拉伸或压缩时内力与横截面垂直，故其应力为正应力。正应力用字母 σ 表示，工程上常采用兆帕（MPa）作为应力单位。

$$1\ Pa=1\ N/m^2,\quad 1\ MPa=1\ N/mm^2$$
$$1\ GPa=10^3\ MPa=10^6\ kPa=10^9\ Pa$$

大量试验证明，杆件在进行轴向拉伸或压缩时，其伸长或缩短变形是均匀的。轴力在横截面上的分布也是均匀的。若横截面面积为 A，该横截面上的轴力为 F_N，则正应力 σ 用下式计算：

$$\sigma=\frac{F_N}{A}$$

式中　σ——杆件横截面上的正应力，Pa；

　　　F_N——杆件横截面上的轴力，N；

　　　A——杆件横截面面积，m^2。

σ 的正负规定与轴力相同，拉伸时的应力为拉应力，用正号（＋）表示；压缩时的应力为压应力，用负号（－）表示。

三、变形与应变

等直杆受轴向拉伸（压缩）时，将引起轴（纵）向尺寸和横向尺寸的变化。设等直杆的原长为 L_o，横向尺寸为 d，受拉（压）后，杆件的长度为 L_u，横向尺寸为 d_1。若仅研究轴向尺寸的变化，则其轴向变形（绝对变形）为

$$\Delta L=L_u-L_o$$

对于拉杆（图 2-2-8），ΔL 为正值；对于压杆（图 2-2-9），ΔL 为负值。

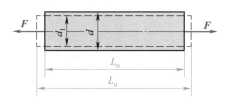

图 2-2-8　拉杆

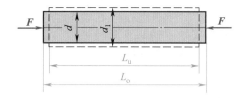

图 2-2-9　压杆

绝对变形只能表示杆件变形的大小，不能表示杆件变形的程度。为了消除杆件长度的影响，通常以绝对变形除以原长得到单位长度上的变形量——线应变（相对变形）来度量杆件的变形程度，用符号 ε 表示为

$$\varepsilon=\Delta L/L_o=(L_u-L_o)/L_o$$

式中，ε 无单位，通常用百分数表示。对于拉杆，ε 为正值；对于压杆，ε 为负值。

杆件拉伸或压缩时，变形和应力之间存在着一定关系。试验表明：当杆件横截面上的正应

力不超过一定限度时，杆件的正应力 σ 与轴向线应变 ε 成正比，这一关系称为胡克定律。即

$$\sigma=\varepsilon E$$

常数 E 称为材料的弹性模量，它反映了材料的弹性性能。材料的 E 值越大，变形越小，所以它是衡量材料抵抗弹性变形能力的一个指标。

§2-3 材料的力学性能及安全校核

一、材料的力学性能及其应用

机械零件或工具在使用过程中往往要受到各种形式外力的作用，这就要求制成零件或工具的金属材料必须具有承受机械载荷而不超过许可变形或不被破坏的能力，这种能力就是材料的力学性能。金属材料所表现出来的诸如强度、塑性、硬度、冲击韧性、疲劳强度等特征就是金属材料在外力作用下所表现出来的力学性能指标。

1. 强度及其应用

金属材料在静载荷作用下抵抗塑性变形或断裂的能力称为强度。强度的大小用应力表示。

根据载荷的作用方式不同，强度可分为抗拉强度、抗压强度、抗剪强度、抗扭强度和抗弯强度。通常以抗拉强度代表材料的强度指标。

2. 塑性及其应用

材料受力后断裂前产生塑性变形的能力称为塑性。塑性通常用断后伸长率 A（试样拉断后，标距的伸长量与原始标距之比的百分率）和断面收缩率 Z（试样拉断后，颈缩处横截面面积变化量与原始横截面面积之比的百分率）来衡量。

金属材料的断后伸长率和断面收

资料卡片

抗拉强度是通过拉伸试验测定的。它利用拉伸试验机（图 2-3-1）产生的静拉力，对标准试样进行轴向拉伸，同时连续测量变化的载荷和试样的伸长量，直至试样断裂。并根据测得的数据，计算得出有关的力学性能指标。

图 2-3-1 拉伸试验机

缩率越高，材料的塑性越好。塑性好的材料易于进行变形加工（如冷弯、冷挤压等），而且在受力过大时，首先发生塑性变形而不会突然断裂，因此比较安全。

3. 硬度及其应用

材料抵抗局部变形，特别是塑性变形、压痕或划痕的能力称为硬度。它是衡量材料软硬程度的指标。硬度越高，材料的耐磨性越好。机械加工中所用的刀具、量具、模具以及大多数机械零件都应具备足够的硬度，以保证其使用性能和寿命，否则很容易因磨损而失效。因此，硬度是金属材料一项非常重要的力学性能。

硬度常用布氏硬度（HBW）、洛氏硬度（HRA、HRBW、HRC）和维氏硬度（HV）表示。

4. 冲击韧性及其应用

机械零件（如活塞销、锻锤杆、冲模、锻模等）在工作中往往要受到冲击载荷的作用。制造此类零件所用的材料必须考虑其抗冲击载荷的能力。金属材料所具备的这种抵抗冲击载荷作用而不被破坏的能力称为冲击韧性。

*二、静载拉压力学试验

观察思考

　　在万能试验机上对低碳钢件和铸铁件分别进行拉伸、压缩试验（或播放相关视频），观察试验过程以及万能试验机所绘出的相应的应力－应变曲线（图2-3-2和图2-3-3），能够得出什么结论？

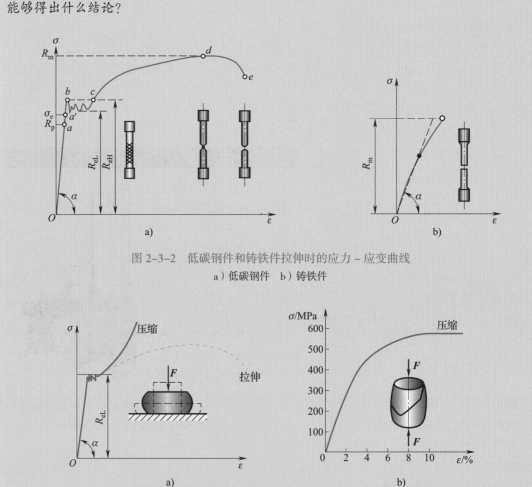

图2-3-2　低碳钢件和铸铁件拉伸时的应力－应变曲线
a）低碳钢件　b）铸铁件

图2-3-3　低碳钢件和铸铁件压缩时的应力－应变曲线
a）低碳钢件　b）铸铁件

1. 拉伸时的应力－应变曲线

（1）低碳钢

根据低碳钢材料的等截面直杆拉伸试验的应力－应变曲线图可知，拉伸过程可分为弹性变形阶段、屈服阶段、强化阶段和颈缩阶段。

1）比例极限。低碳钢等金属材料的应力－应变曲线的初始阶段为一条线段，表明在这一段内应力 σ 与应变 ε 成正比，材料服从胡克定律。a 点是应力与应变成正比的最高点，与 a 点相对应的应力值称为比例极限。

超过比例极限后，从 a 点到 a' 点，σ 与 ε 之间的关系不再是线性，但变形仍然是弹性的，即解除外力后变形可以完全消失。a' 点所对应的应力是材料只出现弹性变形的极限值，称为弹性极限。实际上，在应力－应变曲线图中，a 和 a' 两点非常接近，所以工程上对弹性极限和比例极限并不做严格区分。

2）屈服强度。当应力超过弹性极限时，应力－应变曲线上出现一段沿水平线上下波动的锯齿段 bc，说明应变有非常明显的增加，而对应的应力先是下降，然后在很小的范围内波动，材料暂时失去了对变形的抵抗能力。这种应力几乎不变，应变却不断增加，从而产生明显的塑性变形的现象称为屈服。材料出现屈服现象的过程称为屈服阶段。当金属材料呈现屈服现象时，金属材料发生塑性变形而应力不增加的应力值，称为屈服强度。屈服强度又分上屈服强度和下屈服强度，上屈服强度是指试样发生屈服而力首次下降前的最高应力，用 R_{eH} 表示；下屈服强度是指在屈服期间，不计初期瞬时效应时的最低应力，用 R_{eL} 表示。通常把材料的下屈服强度作为材料的屈服强度。

机械零件和工程结构一般不允许发生塑性变形，所以屈服强度是衡量塑性材料强度的重要指标。

3）抗拉强度。经过屈服阶段之后，从 c 点开始曲线又逐渐上升，材料恢复了抵抗变形的能力，这是材料产生变形硬化的缘故。图形为向上凸起的曲线 cd，表明若要试件继续变形，必须增加外力，这种现象称为材料的强化。应力－应变曲线中强化阶段的最高点 d 所对应的应力值，是试件断裂前所能承受的最大应力值，称为抗拉强度，用 R_m 表示。因为应力达到抗拉强度后，试件会出现颈缩现象，随后即被拉断，所以抗拉强度是衡量材料强度的另一个重要指标。

（2）铸铁

铸铁等脆性材料拉伸时的应力－应变曲线如图 2-3-2b 所示，它们没有明显的线性阶段和屈服阶段，在应力不大的情况下就突然断裂。抗拉强度 R_m 是衡量脆性材料的唯一指标。

由于铸铁等脆性材料的抗拉强度很低，因此不宜用来制造承受拉力的零件。

工程应用

冷作硬化

材料在常温下预拉到强化阶段，使其发生塑性变形，然后卸载，当再次加载时，其比例极限和屈服强度有所提高而塑性降低的现象称为冷作硬化。冷作硬化现象可经退火消除。

工程中常利用该性质来提高材料在弹性阶段的承载能力。起重用的钢索和建筑用的钢筋（图 2-3-4），常利用冷作硬化来提高强度。

图 2-3-4　建筑用的钢筋

2. 压缩时的应力 - 应变曲线

（1）低碳钢

如图 2-3-3a 所示为低碳钢 Q235 压缩时的应力 - 应变曲线（虚线是拉伸时的应力 - 应变曲线）。从图中可以看出，低碳钢在压缩时的比例极限、屈服强度和弹性模量均与拉伸时大致相同。但在达到屈服强度以后，不存在抗压强度。由于机械中的构件都不允许发生塑性变形，因此，对于低碳钢可不进行压缩试验，其压缩时的力学性能可直接引用拉伸试验的结果。

（2）铸铁

如图 2-3-3b 所示为铸铁压缩时的应力 - 应变曲线。从图中可以看出，铸铁压缩时的应力 - 应变曲线无明显的线性部分，因此只能认为近似符合胡克定律。此外，也不存在屈服强度。铸铁的抗压强度远高于其拉伸时的抗拉强度。

脆性材料价格低廉、抗压能力强，适宜制造承受压力的构件。特别是铸铁坚硬耐磨，有良好的吸振能力，且易于浇铸成形状复杂的零件，因此，常用于制造机器底座、轴承座、机床床身及导轨、夹具体等受压零件。

3. 塑性材料和脆性材料力学性能的主要区别

（1）塑性材料断裂前有显著的塑性变形，还有明显的屈服现象，而脆性材料在变形很小时突然断裂，无屈服现象。

（2）塑性材料拉伸和压缩时的比例极限、屈服强度和弹性模量均相同，因为塑性材料一般不允许达到屈服强度，所以其抵抗拉伸和压缩的能力相同。脆性材料抵抗拉伸的能力远低于抵抗压缩的能力。

> **想一想**
>
> 如图 2-3-5 所示构架，若杆件 2 选用低碳钢，杆件 1 选用铸铁，你认为合理吗？为什么？ 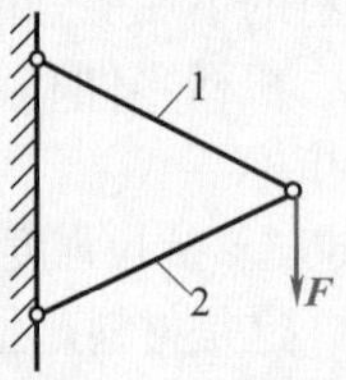
>
> 图 2-3-5　构架

三、应力集中现象

由于工程实际的需要，工程上有些零件经常有切口、开槽、螺纹、油孔和台肩等，造成横截面尺寸发生突然变化。当其受轴向拉伸或压缩时，由实验和理论证明，横截面上的应力不是均匀分布的。

如图 2-3-6 所示，构件开有圆孔或带有切口，当其受轴向拉伸时，通过光测弹性力学的实验分析可以证明，在圆孔或切口附近的局部区域内，应力急剧增大，而在离开这一区域稍远的地方，应力迅速降低而趋于均匀。这种因构件外形突然变化而引起局部应力急剧增大的现象，称为应力集中。

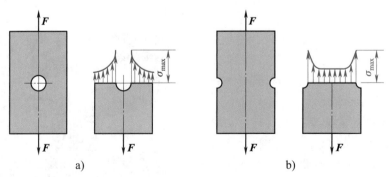

a)　　　　　　　　　　　　　　b)

图 2-3-6　带有圆孔或切口的构件

a）构件带圆孔　b）构件带切口

由于应力集中，工程上很多构件的破坏往往发生在截面突然变化的地方。工程中常采取一些措施尽量使截面不发生突然变化，以降低应力集中的影响。例如，带尖角的槽或台肩处应为圆角过渡。

四、交变应力

机器中有许多零件，其工作时的应力做周期性变化。例如，行驶中的火车轮轴（图 2-3-7a）在载荷作用下将产生弯曲变形，当轮轴转动时，任意截面上的弯曲正应力随时间周期性变化。如图 2-3-7b 所示为横截面边缘某点 A 在旋转中的应力变化情况。构件中这种随时间周期性变化的应力称为交变应力。

又如，齿轮的轮齿在工作时，每旋转一周啮合一次，在啮合期间受啮合力 F 的作用（图 2-3-8a），齿轮上的每一个齿自开始啮合至脱开的过程中，轮齿根部表面某点 A 处的弯曲正应力就由零增至某一最大值，然后逐渐减小到零。齿轮不停地转动，其应力按图 2-3-8b 所示的规律不断地做周期性变化。

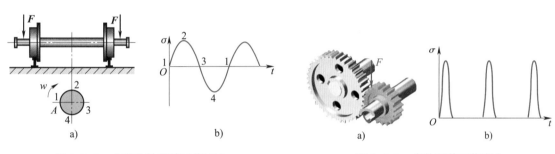

图 2-3-7 火车轮轴及其工作应力　　　　　　　图 2-3-8 齿轮及其工作应力
a）受力分析　b）工作应力曲线　　　　　　　a）受力分析　b）工作应力曲线

金属材料在交变应力作用下，其破坏形式与静载荷作用下截然不同。在交变应力作用下，构件内的最大应力虽远低于静载荷下的抗拉强度，甚至低于屈服强度，但经过多次应力循环以后，即使是静载荷下塑性很好的材料，也可能发生脆性断裂，在破坏的断口处没有明显的塑性变形，这种现象称为材料的疲劳破坏。

五、疲劳强度

弹簧、曲轴、齿轮等机械零件在工作过程中所受载荷的大小、方向随时间做周期性变化，在金属材料内部引起的应力发生周期性的波动。此时，零件所承受的载荷为交变载荷，承受的应力虽低于材料的屈服强度，但经过长时间的工作后，仍会产生裂纹或突然发生断裂，这样的断裂现象称为疲劳断裂。金属材料抵抗交变载荷作用而不产生破坏的能力称为疲劳强度，用符号 R_{-1} 表示。

疲劳强度与强度、塑性一样，也是材料的力学性能之一。据统计，在失效的机械零件中，有 80% 以上属于疲劳破坏，而且疲劳破坏前没有明显的变形，断裂前没有预兆，所以疲劳破坏经常造成重大事故。

六、危险应力和工作应力

前面讨论杆件轴向拉伸和压缩时，截面的应力是指构件工作时由载荷引起的实际应力，称为工作应力。工作应力仅取决于外力和构件的几何尺寸。只要外力和构件的几何尺寸相同，那么由不同材料制成的构件的工作应力就是相同的。

工程上把材料丧失正常工作能力的应力称为危险应力或极限应力，以 σ° 表示。所谓正常工作，是指构件不发生塑性变形或断裂现象。

对于塑性材料来说，因其达到下屈服强度 R_{eL} 时将产生较大塑性变形或断裂，所以 $\sigma^{\circ}=R_{\mathrm{eL}}$。对于脆性材料来说，因其达到抗拉强度 R_{m} 时将产生较大塑性变形或断裂，所以 $\sigma^{\circ}=R_{\mathrm{m}}$。

七、许用应力、安全系数和安全校核

1. 许用应力 $[\sigma]$

在实际工作中，需要考虑一定的强度储备，特别是那些一旦被破坏就会造成停产、人身或设备事故等严重后果的重要构件，更应该有较大的强度储备。为此，可把危险应力 σ° 除以一个大于 1 的系数 n，并将所得结果作为材料的许用应力，用 $[\sigma]$ 表示，即

$$[\sigma]=\sigma^{\circ}/n$$

2. 安全系数 n——构件工作的安全储备

塑性材料和脆性材料的安全性能指标见表 2-3-1。

表 2-3-1　　　　　　　　　　塑性材料和脆性材料的安全性能指标

安全性能指标	塑性材料	脆性材料
危险应力 σ°	$\sigma^{\circ}=R_{\mathrm{eL}}$	$\sigma^{\circ}=R_{\mathrm{m}}$
许用应力 $[\sigma]$	$[\sigma]=R_{\mathrm{eL}}/n_{\mathrm{s}}$	$[\sigma]=R_{\mathrm{m}}/n_{\mathrm{b}}$
安全系数 n	n_{s} 是按屈服强度规定的取值，$n_{\mathrm{s}}=1.5\sim2.0$	n_{b} 是按抗拉强度规定的取值。由于脆性材料的均匀性较差，且断裂破坏比屈服破坏更危险，因此 $n_{\mathrm{b}}=2.5\sim3.5$

3. 安全校核

为了保证拉（压）杆不会因强度不够而失去正常工作能力，必须使其最大正应力（工作应力）不超过材料在拉伸（压缩）时的许用应力 $[\sigma]$，即

$$\sigma=F_{\mathrm{N}}/A\leqslant[\sigma]$$

上式称为拉压强度条件方程，利用其可以对工程中材料校核强度。

校核强度就是在杆件材料的许用应力 $[\sigma]$、横截面面积 A 以及所受载荷都已知的条件下，验算杆件的强度是否足够，即用强度条件判断杆件能否安全工作。

【例 2-3-1】 一台重力为 710 N 的电动机采用 M8 吊环起吊，吊环螺钉根部直径 $d=6.4$ mm，如图 2-3-9 所示，已知螺钉材料的许用应力 $[\sigma]=40$ MPa，那么起吊电动机时，吊环螺钉是否安全？（不考虑圆环部分）

分析：该题目属于校核强度问题，吊环螺钉受到的内力与电动机的重力相等。

解：

由吊环螺钉根部的强度条件可得：

$$\sigma=\frac{F_{\mathrm{N}}}{A}=\frac{F}{\frac{1}{4}\pi d^{2}}=\frac{710}{\frac{\pi}{4}\times6.4^{2}}\text{ MPa}\approx22\text{ MPa}$$

因为 $\sigma<[\sigma]$，所以吊环螺钉是安全的。

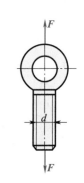

图 2-3-9　吊环螺钉受力分析

§2-4 连接件的剪切与挤压

一、剪切

观察思考

　　工程中有很多连接方式，如图 2-4-1 中的螺栓连接和键连接。观察图示连接，思考哪个零件容易发生破坏。破坏的基本形式是什么？

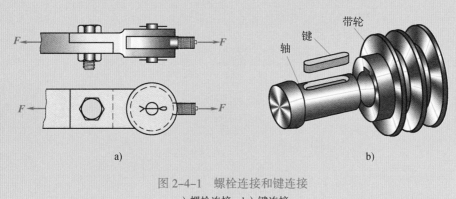

图 2-4-1　螺栓连接和键连接

a）螺栓连接　b）键连接

1. 剪切变形的定义

　　如图 2-4-2 所示，当构件工作时，铆钉的两侧面上受到一对大小相等、方向相反、作用线平行且相距很近的外力作用，这时两力作用线之间的截面发生相对错动，这种变形称为剪切变形。产生相对错动的截面称为剪切面，它平行于作用力的作用线，位于构成剪切的两力之间。

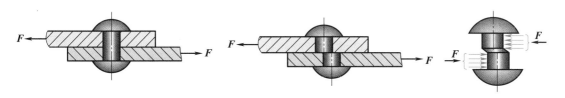

图 2-4-2　剪切变形

2. 剪切变形的特点

（1）受力特点：作用在构件两侧面上的外力的合力大小相等、方向相反，作用线平行且相距很近。

（2）变形特点：介于两作用力之间的各截面，有沿作用力方向发生相对移动的趋势，如图2-4-3所示。

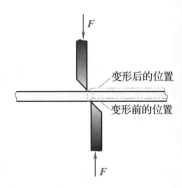

图2-4-3　剪切变形特点

3. 受剪面的判断

以图2-4-4所示铆钉连接中的铆钉为例进行分析。用截面法将铆钉沿其截面 m—m 假想截开，取任一部分为研究对象，由平衡方程可得

$$F_Q=F$$

这个平行于截面的内力称为剪力，用 $\boldsymbol{F}_Q$ 表示，受剪面即为该断面。

其平行于截面的应力称为切应力，用符号 τ 表示。切应力在剪切面上的分布情况比较复杂，为了计算简便，工程中通常采用以实验、经验为基础的实用计算，即近似地认为切应力在剪切面上是均匀分布的，于是有

$$\tau=F_Q/A$$

式中　τ——切应力，MPa；

　　　　F_Q——剪切面上的剪力，N；

　　　　A——剪切面面积，mm^2。

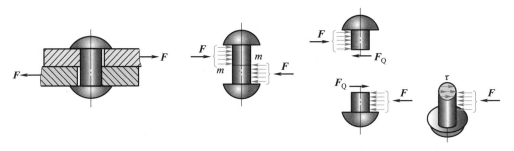

图2-4-4　铆钉受力分析

二、挤压

1. 挤压变形的定义

连接件和被连接件因接触面相互压紧而变形的现象称为挤压变形。连接件发生剪切变形的同时都伴随着挤压变形。挤压力过大时，在接触面的局部范围内将发生变形或被压溃。这种因挤压力过大，连接件接触面出现局部变形或压溃的现象，称为挤压破坏，图2-4-5所示为螺栓连接中的挤压破坏。

连接件与被连接件相互接触并产生挤压的面称为挤压面。挤压面上的作用力称为挤压力，用 $\boldsymbol{F}_{jy}$ 表示。挤压面上由挤压引起的应力称为挤压应力，用 σ_{jy} 表示。

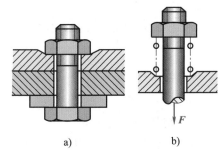

a)　　　　　　b)

图2-4-5　螺栓连接中的挤压破坏

2. 挤压面的判断

挤压面的计算面积 A_{jy} 需根据挤压面的形状来确定。如图 2-4-6 所示的键连接中，挤压面为平面，则挤压面的计算面积按实际接触面积计算，即 $A_{jy} = \frac{1}{2}lh$；对于销钉、铆钉等圆柱形连接件，如图 2-4-7 所示，挤压面为半圆柱面，则挤压面的计算面积为半圆柱的正投影面积，即 $A_{jy} = dt$，常见剪切面、挤压面的计算见表 2-4-1。

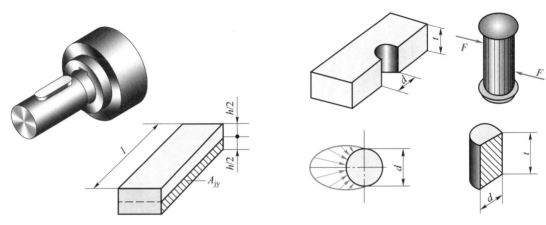

图 2-4-6　挤压面为平面　　　　　　　　　　　图 2-4-7　挤压面为半圆柱面

表 2-4-1　　　　　　　　　　　　　　常见剪切面、挤压面的计算

类型	图例	剪切面、挤压面的计算
键连接		$A = bl$ $A_{jy} = \frac{1}{2}lh$
铆钉连接、销连接		$A = \frac{1}{4}\pi d^2$ $A_{jy} = dt$
冲压件		$A = \pi dt$ $A_{jy} = \frac{1}{4}\pi d^2$

图 2-4-8a 所示为简易冲孔工具，它可以在厚度为 0.05～0.25 mm 的不锈钢、镍合金等金属材料上冲孔，冲孔后工件不产生毛刺和变形，孔的尺寸精度可达 ±0.025 mm。

该工具与普通冲孔工具不同的是：其夹具由两块厚为 2.4 mm 的钛板组成，在钛板上同时钻出工艺孔，孔的尺寸和形状与工件孔一致。为了保证在冲压过程中两块钛板的孔始终对齐，用两个销钉压入其中一块钛板，并与另一块钛板滑动配合。

橡胶冲头通过压力嵌在手动压床的铝制模板上，如图 2-4-8a 所示。冲头直径比钛板上的孔径大一些，将要冲孔的金属薄板放在两块钛板之间夹好，当施加压力橡胶冲头被压入孔中时（图 2-4-8b），冲出的金属薄板圆片受力分析如图 2-4-8c 所示，上部受橡胶冲头给它的向下的冲力 F 作用，圆片周围受下面钛板给它的向上的剪切力 F_Q 作用。金属薄板在剪切力的作用下，被冲出所需要的孔。卸压后冲头便恢复到原来的形状。

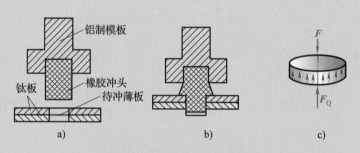

图 2-4-8　无毛刺冲孔的橡胶冲头

a）简易冲孔工具　b）冲头被压入孔中　c）受力分析

力学原理：冲板时，薄板除受剪切作用外，还受橡胶冲头的挤压作用。利用橡胶冲头通过金属薄板孔时对板孔边缘的挤压作用，使冲出的薄板孔无毛刺和变形。

在分析和计算连接件的剪切面与挤压面时应注意：

（1）剪切面与外力方向平行，作用在两连接件的错动处。

（2）挤压面与外力方向垂直，作用在连接件与被连接件的接触处。

三、抗剪和抗挤压强度条件及安全校核

1. 抗剪和抗挤压强度条件

（1）抗剪强度条件

为保证连接件安全可靠地工作，要求切应力不超过材料的许用切应力。由此得出抗剪强度条件为

$$\tau = F_Q/A \leqslant [\tau]$$

式中，$[\tau]$ 为材料的许用切应力，单位为 Pa 或 MPa。$[\tau]$ 可以通过与构件实际受力情况相似的剪切试验得到。常用材料的许用切应力 $[\tau]$ 可从有关手册中查得。

试验表明，金属材料的许用切应力 $[\tau]$ 与许用正应力 $[\sigma]$ 之间有如下关系：塑性材料 $[\tau] = (0.6～0.8)[\sigma]$，脆性材料 $[\tau] = (0.8～1.0)[\sigma]$。

（2）抗挤压强度条件

为保证连接件具有足够的抗挤压强度而不被破坏，抗挤压强度条件为

$$\sigma_{jy}=F_{jy}/A_{jy}\leqslant[\sigma_{jy}]$$

式中，$[\sigma_{jy}]$为材料的许用挤压应力，单位为 Pa 或 MPa。许用挤压应力$[\sigma_{jy}]$的确定与许用切应力$[\tau]$的确定方法类似。常用材料的许用挤压应力$[\sigma_{jy}]$可从有关手册中查得。

对于金属材料，许用挤压应力和许用正应力之间有如下关系：塑性材料$[\sigma_{jy}]=$（1.7 ～ 2.0）$[\sigma]$，脆性材料$[\sigma_{jy}]=$（0.9 ～ 1.5）$[\sigma]$。

2. 安全校核

（1）连接件的失效形式

如图 2-4-9 所示的铆钉连接结构，连接件是短粗杆，受力后铆钉有可能被剪断。在拉力作用下，板和铆钉之间相互挤压，产生很大的接触应力，使铆钉孔变大，铆钉发生变形，从而使铆钉也可能发生挤压变形。由此得到连接件的失效形式主要包括剪断和挤压破坏。

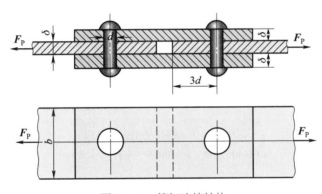

图 2-4-9　铆钉连接结构

（2）强度条件的应用

抗剪强度条件的应用与抗挤压强度条件的应用相同。利用抗剪强度条件与抗挤压强度条件可以对工程中的材料进行强度校核。

强度校核就是在杆件材料的许用切应力$[\tau]$、横截面面积 A 以及所受载荷都已知的条件下，验算杆件的强度是否足够，即用强度条件判断杆件能否安全工作。

解题须知：

1）连接件的失效形式包括剪断和挤压破坏。在进行强度计算时，应同时考虑抗剪强度与抗挤压强度。

2）应注意剪切面与挤压面的计算，在确定剪切面时，连接件存在有两个剪切面的情形称为双剪切。每个剪切面上的有效载荷仅为原载荷的 1/2。

3）应遵循以下解题步骤：首先用截面法求内力，再用强度条件进行相关计算。

【例 2-4-1】　如图 2-4-10 所示钢板插销连接结构，插销材料为 20 钢，$[\tau]$=30 MPa，直径 d=20 mm，挂钩厚度 t=8 mm，被连接的板件厚度为 1.5t（即 12 mm），牵引力 F=15 kN，试校核插销的抗剪强度。

解：

（1）截面法求内力。插销受力分析如图 2-4-10b 所示。根据受力情况，插销中段相对于上、下两段，沿 $m—m$ 和 $n—n$ 两个面向左双剪切。由平衡方程容易求出：

$$F_Q = \frac{F}{2}$$

（2）根据强度条件进行强度计算。

$$\tau = \frac{F_Q}{A} = \frac{\frac{1}{2} \times 15 \times 10^3}{\frac{\pi}{4} \left(20 \times 10^{-3}\right)^2} \, \text{Pa} \approx 24 \ \text{MPa} < [\tau]$$

故插销满足抗剪强度要求。

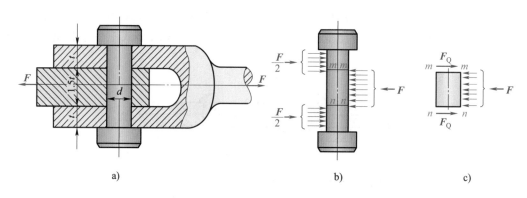

图 2-4-10 钢板插销连接结构

a) 结构示意图　b) 插销受力分析　c) 截面法

§2-5 圆轴扭转

一、圆轴扭转的概念与特点

观察图 2-5-1 中直杆的受力情况，当直杆受到垂直于杆件轴线平面内的力偶作用时，杆件各横截面间会发生相对转动，这样的变形形式称为扭转变形。

工程中发生扭转变形的构件的外形各不相同，但以圆轴为主，其加载方式也有所区别，受力情况一般可按图 2-5-2 进行简化。扭转变形的特点是：从受力来看，在杆件两端垂直于杆轴线的平面内作用着一对大小相等、方向相反的外力偶矩；从变形来看，各横截面绕轴线发生相对转动。

图 2-5-1 桥式起重机的传动轴

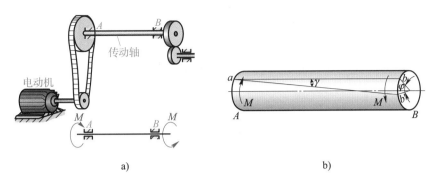

a)   b)

图 2-5-2　传动轴及其发生扭转变形时的受力简化情况

a）传动轴　b）扭转变形时的受力简化情况

在工程实际中，作用于轴上的外力偶矩一般并不是直接给出的，而是根据所给轴的转速 n 和轴传递的功率 P，通过下面的公式确定的：

$$M=9\,550P/n$$

式中，M 为外力偶矩（N·m），P 为轴传递的功率（kW），n 为轴的转速（r/min）。

在确定外力偶矩的转向时，应注意主动轮的输入力偶矩为主动力偶矩，其转向与轴的转向相同；从动轮的输出力偶矩为阻力偶矩，其转向与轴的转向相反。

二、圆轴扭转时横截面上应力的分布规律

为了研究圆轴扭转时横截面上的应力分布情况，可先从观察和分析变形的现象入手。取图 2-5-3 所示圆轴，在圆轴表面画若干垂直于轴线的圆周线和平行于轴线的纵向线，两端施加一对大小相等、方向相反的外力偶，使圆轴扭转。

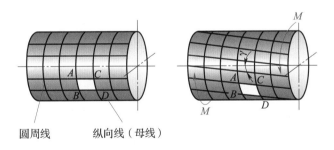

圆周线　　　　纵向线（母线）

图 2-5-3　圆轴的扭转变形

可以观察到：圆周线的形状、大小及相邻两圆周线的间距均不改变，仅绕轴线做相对转动；各纵向线仍为线段，且都倾斜了同一角度 γ，使原来的矩形变成平行四边形。

由此可以得出：

（1）扭转变形时，由于圆轴相邻横截面间的距离不变，即圆轴没有纵向变形发生，因此横截面上没有正应力。

（2）扭转变形时，各纵向线同时倾斜了相同的角度；各横截面绕轴线转动了不同的角度，相邻横截面产生了相对转动并相互错动，发生了剪切变形，所以横截面上有切应力。

（3）因半径长度不变，故切应力方向必与半径垂直。横截面上切应力的分布规律如图2-5-4所示。

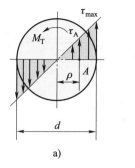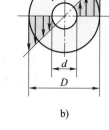

图 2-5-4　横截面上切应力的分布规律
a）实心圆轴　b）空心圆轴

三、扭转应力——切应力

根据静力平衡条件，推导出横截面上任意点的切应力计算公式如下：

$$\tau_\rho = M_T \rho / I_\rho$$

式中　τ_ρ——横截面上任意点的切应力，MPa；

M_T——横截面上的扭矩，N·mm；

ρ——欲求应力的点到圆心的距离，mm；

I_ρ——横截面对圆心的极惯性矩，mm^4。

圆轴扭转时，横截面边缘上各点的切应力最大，其值为

$$\tau_{max} = \frac{M_T}{W_n}$$

式中，W_n 为抗扭截面系数，单位为 mm^3。

该式只适用于圆截面轴，而且横截面上的最大切应力不得超过材料的抗剪强度。

极惯性矩 I_ρ 与抗扭截面系数 W_n 表示了横截面的几何性质，其大小与横截面的形状和尺寸有关，见表2-5-1。

表 2-5-1　　　　　极惯性矩 I_ρ 与抗扭截面系数 W_n

轴的类型	极惯性矩 I_ρ/mm^4	抗扭截面系数 W_n/mm^3
实心圆轴	$I_\rho = \dfrac{\pi D^4}{32} \approx 0.1 D^4$ （D 为直径）	$W_n = \dfrac{I_\rho}{R} = \dfrac{\pi D^4}{32} \Big/ \dfrac{D}{2} = \dfrac{\pi D^3}{16} \approx 0.2 D^3$
空心圆轴	$I_\rho = \dfrac{\pi D^4}{32} - \dfrac{\pi d^4}{32} = \dfrac{\pi D^4}{32}(1-a^4)$ $\approx 0.1 D^4 (1-a^4)$ （D 为外径，d 为内径，a=d/D）	$W_n = \dfrac{I_\rho}{R} = \dfrac{\pi D^3}{16}(1-a^4) \approx 0.2 D^3 (1-a^4)$

四、圆轴扭转的强度条件及安全校核

观察思考

建于华盛顿州的塔科马海峡大桥（Tacoma Narrows Bridge）是大跨度悬索桥，其桥面高度只有常用悬索桥桥面高度的1/4～1/3。塔科马海峡大桥在建成前就被发现桥面波浪状运动已使一些建筑工人眩晕，人们对它的安全问题很担心，但塔科马海峡大桥还是照样通车使用。1940年11月7日，在风中震荡了几个月的塔科马海峡大桥在风力的作用下，桥面扭曲变形过大，最终坍塌（图2-5-5）。

图 2-5-5　塔科马海峡大桥

a）桥在大风中发生震荡扭曲　b）桥坍塌

塔科马海峡大桥为什么会断裂？如何防止断裂？

1. 圆轴扭转的强度条件

等直圆轴最大扭转切应力发生在最大扭矩截面的外周边各点处。这些点是圆轴抗扭强度计算的危险点。为使圆轴能正常工作，必须使最大工作切应力不超过材料的许用切应力，即等直圆轴扭转时的强度条件为

$$\tau_{\max} = \frac{M_{\mathrm{Tmax}}}{W_{\mathrm{n}}} \leqslant [\tau]$$

式中　$\tau_{\max}$——横截面边缘上点的切应力，MPa；

M_{Tmax}——横截面上绝对值最大的扭矩，N·mm；

W_{n}——抗扭截面系数，mm³。

对于台阶轴，由于各段抗扭截面系数 W_{n} 不同，所以 $\tau_{\max}$ 不一定发生在绝对值最大的扭矩所在的横截面上，因此需综合考虑 W_{n} 和 M_{T} 两个因素。

2. 安全校核

利用抗扭强度条件同样可以对工程中的材料校核强度。

校核强度就是在杆件材料的许用切应力 $[\tau]$、抗扭截面系数 W_{n} 以及所受载荷都已知的条件下，验算杆件的强度是否足够，即用强度条件判断杆件能否安全工作。

解题须知：

（1）首先用截面法求内力，然后应用强度条件进行相关计算。由于扭转变形通常没有直接给出外力偶矩，因此还应增加外力偶矩的计算。

（2）对等直圆轴来说，应计算最大扭矩截面的周边各点处应力。对于台阶轴，由于各段抗扭截面系数 W_{n} 不同，因此需综合考虑 W_{n} 和 M_{T} 两个因素。

（3）注意区分空心圆轴与实心圆轴抗扭截面系数 W_{n} 的不同计算公式。

【例 2-5-1】　某汽车传动轴所传递的功率 P=80 kW，转速 n=582 r/min，直径 d=55 mm，材

料的许用切应力 $[\tau]$ =50 MPa，如图 2-5-6 所示，试校核该轴的强度。

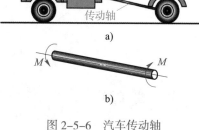
图 2-5-6　汽车传动轴

解：

（1）计算外力偶矩。

$$M=9\,550\,\frac{P}{n}=9\,550\times\frac{80}{582}\,\text{N}\cdot\text{m}\approx1\,313\,\text{N}\cdot\text{m}$$

（2）计算扭矩。该轴可认为是在其两端面上受一对平衡的外力偶矩作用，由截面法得

$$M_\text{T}=M\approx1\,313\,\text{N}\cdot\text{m}$$

（3）校核强度。

$$\tau_\text{max}=\frac{M_\text{T}}{W_\text{n}}\approx\frac{M_\text{T}}{0.2d^3}\approx\frac{1\,313\,000}{0.2\times55^3}\,\text{MPa}\approx40\,\text{MPa}<[\tau]$$

所以，传动轴的强度满足要求。

§2-6　直梁弯曲

一、直梁弯曲的概念与特点

弯曲变形在工程实际中是很常见的一种变形，如图 2-6-1 所示火车轮轴的力学模型，火车轮轴在车厢载荷 F 的作用下变弯。可见，直杆受到垂直于轴线的外力或在杆轴线平面内的力偶作用时，其轴线将由直线变成曲线，这样的变形形式称为弯曲变形。

发生弯曲变形或以弯曲变形为主的杆件称为梁。梁是日常生活和工程结构中最常见的构件之一，梁的横截面往往具有对称轴，如图 2-6-2 所示。

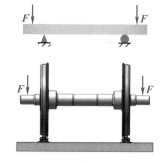
图 2-6-1　火车轮轴的力学模型

图 2-6-2　梁的横截面

作用在梁上的外力或力偶都在梁的纵向对称面内，且各力都与梁的轴线垂直，梁弯曲变形后，其轴线在纵向对称面内由直线变成平面曲线，这种情况称为平面弯曲。

平面弯曲变形的受力特点是：外力垂直于杆件的轴线，且外力和力偶都作用在梁的纵向对称面内。变形特点是：梁的轴线由直线变成在外力作用面内的一条曲线。发生平面弯曲变形的构件的特征是：它们是具有一个及以上对称面的等截面直梁。

常见梁的形式见表 2-6-1。

表 2-6-1　　　　　　　　　　　　常见梁的形式

名称	结构特点	图示
简支梁	一端为活动铰链支座，另一端为固定铰链支座的梁	
外伸梁	一端或两端伸出支座外的简支梁，并在外伸端有载荷作用	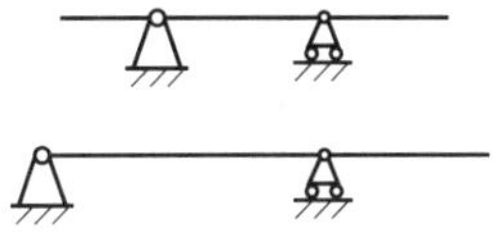
悬臂梁	一端为固定端，另一端为自由端的梁	

作用在梁上的载荷，一般都可以简化为集中力 F、集中力偶 M（图 2-6-3）和分布力，分布力又分为任意分布载荷 $q(x)$ 和均布载荷 q（单位是 N/m 或 kN/m），如图 2-6-4 所示。若载荷大小已知，以上三种梁的约束力均可用静力平衡方程求出。

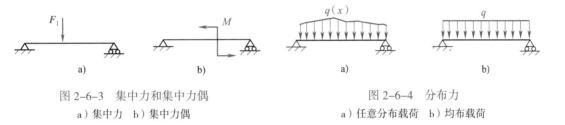

图 2-6-3　集中力和集中力偶

a）集中力　b）集中力偶

图 2-6-4　分布力

a）任意分布载荷　b）均布载荷

二、纯弯曲时横截面上正应力的分布规律

梁在弯曲时横截面上一般同时有剪力和弯矩，剪力会引起切应力，弯矩会引起正应力。实践和理论都证明，弯矩是影响梁的强度和变形的主要因素。

1. 纯弯曲

为使问题简化，仅分析横截面上弯矩为常数且无剪力的弯曲问题，这样的弯曲称为纯弯曲。

下面通过纯弯曲试验观察梁的变形，并分析横截面上应力的分布规律及计算公式。

取一矩形截面直梁，如图 2-6-5a 所示，在其表面画上横向线 1—1、2—2 和纵向线 ab、cd，然后在梁的两端施加一对大小相等、方向相反的力偶 M，使梁产生弯曲变形，由图 2-6-5b 可观察到下列现象：

（1）横向线 1—1 和 2—2 仍为线段，且仍与梁轴线正交，但两线不再平行，相对倾斜角度为 θ。

（2）纵向线变为弧线，轴线以上的纵向线缩短（如 ab），称为缩短区；轴线以下的纵向线伸长（如 cd），称为伸长区。

（3）在纵向线的缩短区，梁的宽度增大；在纵向线的伸长区，梁的宽度减小。

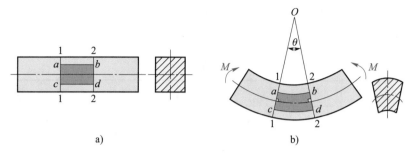

图 2-6-5　矩形截面直梁的弯曲变形

2. 中性轴与中性层

中性轴与中性层如图 2-6-6 所示。如前所述，当梁弯曲时，所有横截面仍保持为垂直于梁轴线的平面，且无相对错动，只是绕中性轴做相对转动，各条纵向纤维处于拉伸或压缩状态。因此，横截面上必定有正应力 σ，而不会有切应力。纤维伸长的部分受到拉应力，纤维缩短的部分受到压应力。

由于变形的连续性，梁伸长和缩短的长度是逐渐变化的。从伸长区过渡到缩短区，中间必有一层纤维既不伸长也不缩短，这一层长度不变的纵向纤维称为中性层

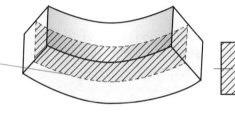

中性层与横截面的交线称为中性轴，中性轴通过横截面形心。梁弯曲变形时，所有横截面均绕各自的中性轴回转

图 2-6-6　中性轴与中性层

3. 正应力的分布规律

根据以上分析和结论可得出正应力的分布规律：横截面上各点正应力的大小与该点到中性轴的距离成正比。

在中性轴处纤维长度不变，此处不受力，因此正应力为零；离中性轴最远处正应力最大。也就是说，正应力沿横截面高度按线性规律分布，如图 2-6-7 所示，与中性轴距离相同的各纵向纤维的变形都相同，所以正应力也相同。

4. 最大正应力计算公式

由正应力的分布规律（图 2-6-7）得到任意点正应力为

$$\sigma = \frac{M_w y}{I_z}$$

式中　M_w——横截面上的弯矩，N·m 或 N·mm；

　　　y——点到中性轴 z 的距离，m 或 mm；

　　　I_z——横截面对中性轴 z 的惯性矩，m^4 或 mm^4。

由此可得到最大正应力为

$$\sigma_{max} = \frac{M_w y_{max}}{I_z}$$

令 $W_z = \dfrac{I_z}{y_{max}}$，则有

$$\sigma_{max} = \frac{M_w}{W_z}$$

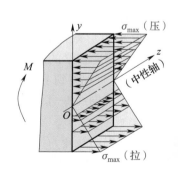

图 2-6-7　正应力的分布规律

式中，W_z 为抗弯截面系数，单位为 m^3 或 mm^3。

工程上常用的型钢有工字钢、角钢、槽钢等，均有规定的型号规格，它们的截面几何参数（包括惯性矩和抗弯截面系数等）可从有关手册中查得。

工程中常用的梁截面图形、惯性矩和抗弯截面系数计算公式见表 2-6-2。

表 2-6-2　　　　工程中常用的梁截面图形、惯性矩和抗弯截面系数计算公式

梁截面图形	惯性矩计算公式	抗弯截面系数计算公式
	$I_z = \dfrac{bh^3}{12}$ $I_y = \dfrac{b^3 h}{12}$	$W_z = \dfrac{bh^2}{6}$ $W_y = \dfrac{b^2 h}{6}$
	$I_z = \dfrac{bh^3 - b_1 h_1^3}{12}$ $I_y = \dfrac{b^3 h - b_1^3 h_1}{12}$	$W_z = \dfrac{bh^3 - b_1 h_1^3}{6h}$ $W_y = \dfrac{b^3 h - b_1^3 h_1}{6b}$
	$I_z = I_y = \dfrac{\pi d^4}{64} \approx 0.05 d^4$	$W_z = W_y = \dfrac{\pi d^3}{32} \approx 0.1 d^3$
	$I_z = I_y = \dfrac{\pi D^4}{64}(1 - a^4)$ $\left(a = \dfrac{d}{D} \right)$	$W_z = W_y = \dfrac{I_z}{D/2} = \dfrac{\pi D^3}{32}(1 - a^4)$ $\approx 0.1 D^3 (1 - a^4)$ $\left(a = \dfrac{d}{D} \right)$

三、梁的抗弯强度条件及安全校核

梁的抗弯强度条件为

$$\sigma_{max} \leqslant [\sigma]$$

产生最大正应力的截面称为危险截面，最大正应力所在的点称为危险点。

$$\sigma_{max} = \frac{M_{wmax}}{W_z} \leqslant [\sigma]$$

校核强度就是在杆件材料的许用应力 $[\sigma]$、抗弯截面系数 W_z 以及所受最大弯矩 M_{wmax} 都已知的条件下，验算杆件的最大工作应力是否小于或等于 $[\sigma]$。

【例 2-6-1】 切刀在切割工件时，受到 F=800 N 的切削力作用。切刀尺寸如图 2-6-8a 所示，切刀的许用应力 $[\sigma]$=200 MPa，试校核切刀的强度。

分析：本题属于校核强度问题，切刀的力学模型为悬臂梁。

解：

（1）建立力学模型。切刀可简化为图 2-6-8b 所示的悬臂梁。

（2）弯矩图如图 2-6-8c 所示，最大弯矩在截面 2—2 处。

$$M_{w1}=Fa=800\ \text{N} \times 8\ \text{mm}=6.4 \times 10^3\ \text{N} \cdot \text{mm}$$

$$M_{w2}=Fl=800\ \text{N} \times (8+22)\ \text{mm}=2.4 \times 10^4\ \text{N} \cdot \text{mm}$$

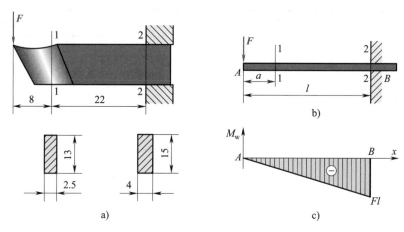

图 2-6-8　切刀及其强度校核

a）切刀尺寸　b）受力分析　c）弯矩图

（3）根据截面 1—1 与 2—2 的尺寸求出抗弯截面系数

$$W_{z1}= \frac{b_1 h_1^2}{6} = \frac{2.5 \times 13^2}{6}\ \text{mm}^3 \approx 70.4\ \text{mm}^3$$

$$W_{z2}= \frac{b_2 h_2^2}{6} = \frac{4 \times 15^2}{6}\ \text{mm}^3 = 150\ \text{mm}^3$$

（4）计算梁的最大工作应力

$$\sigma_{1\max}= \frac{M_{w1}}{W_{z1}} = \frac{6.4 \times 10^3}{70.4}\ \text{MPa} \approx 91\ \text{MPa} < [\sigma]$$

$$\sigma_{2\max}= \frac{M_{w2}}{W_{z2}} = \frac{2.4 \times 10^4}{150}\ \text{MPa} = 160\ \text{MPa} < [\sigma]$$

（5）校核强度。因为 $\sigma_{1\max} < [\sigma]$ 且 $\sigma_{2\max} < [\sigma]$，满足强度条件，所以切刀是安全的。

*§2-7　组合变形

前面研究了构件的轴向拉、压，剪切，扭转和弯曲等基本变形，构件各基本变形截面上的内力情况如图 2-7-1 所示。在工程实际中，大多数构件的受力情况比较复杂。在外力作用下，构件会同时产生两种或三种基本变形，这类变形形式称为组合变形。

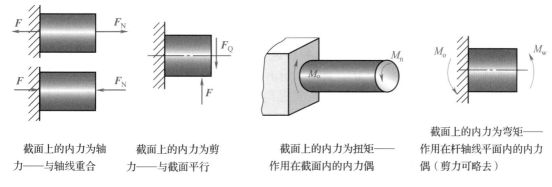

图 2-7-1　构件各基本变形截面上的内力情况

截面上的内力为轴力——与轴线重合

截面上的内力为剪力——与截面平行

截面上的内力为扭矩——作用在截面内的内力偶

截面上的内力为弯矩——作用在杆轴线平面内的内力偶（剪力可略去）

如果构件变形在弹性范围内，且变形很小，则作用在杆件上的任意载荷所引起的应力和变形，一般不受其他载荷的影响。所以，当杆件发生组合变形时，可分别计算出每种基本变形所引起的应力，然后将所得结果叠加，即得杆件在组合变形时的应力。

一、拉伸（压缩）与弯曲组合变形

前面讨论直杆的弯曲问题时，曾要求所有外力均垂直于杆轴。如果在直杆上同时作用有轴向力，则杆将发生拉伸（压缩）与弯曲组合变形。

1. 斜拉伸（压缩）

如图 2-7-2a 所示的单轨起重机横梁 AB，就是发生压缩与弯曲组合变形的构件，其受力分析如图 2-7-2b、c、d 所示。

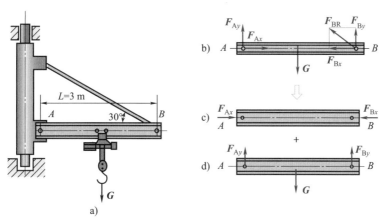

图 2-7-2　单轨起重机横梁及其受力分析

2. 偏心拉伸（压缩）

当作用在直杆上的外力沿杆的轴线时，将产生轴向拉伸或轴向压缩。如果外力的作用线平行于杆轴线，但不通过截面形心，则将引起偏心拉伸或偏心压缩。

如图 2-7-3a 所示为链条中的一节开口链环。链环承受的外力 F 对于链环左侧杆部 AB 来说是一对偏心拉力，即外力不通过圆截面形心，其作用线平行于杆轴线，偏心距为 e。

由静力学可知，将力 F 平移到截面形心上，要附加一力偶，如图 2-7-3b 所示，其力偶矩 M=Fe。因此，偏心拉伸（或压缩）实际上就是拉伸（或压缩）与弯曲的组合作用。

二、扭转与弯曲组合变形

机械传动轴如图 2-7-4a 所示，轴的左端用联轴器与电动机轴连接，根据轴所传递的功率 P 和转速 n，可以求得经联轴器传给轴的力偶矩为 M_O。此外，作用于直齿圆柱齿轮上的啮合力可以分解为圆周力 F_t 和径向力 F_r，如图 2-7-4b 所示。根据力的平移定理，将各力向轴线平移，画出传动轴的受力图，如图 2-7-4c 所示。力偶矩 M_O 和 M_1 引起传动轴的扭转变形，而横向力 F_t 及 F_r 将引起水平面（xy 平面）和垂直面（xz 平面）内的弯曲变形。这是扭转与弯曲组合变形的实例。

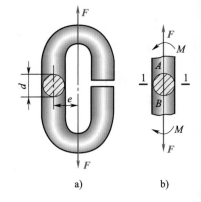

图 2-7-3　开口链环及其受力分析

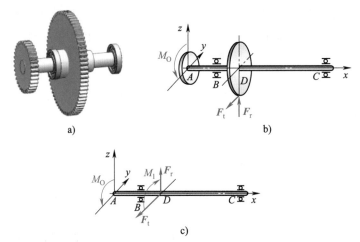

图 2-7-4　机械传动轴及其扭转与弯曲组合变形
a）实物图　b）已知条件　c）受力图

第 3 章

连　接

键连接

机器都是由各种零件装配而成的，零件与零件之间存在各种不同形式的机械连接，如图 3-1-1 所示。一般根据连接后是否可拆，连接分为可拆连接和不可拆连接。在机械连接中属于可拆连接的有键连接、销连接和螺纹连接等；属于不可拆连接的有焊接、铆接和胶接等。

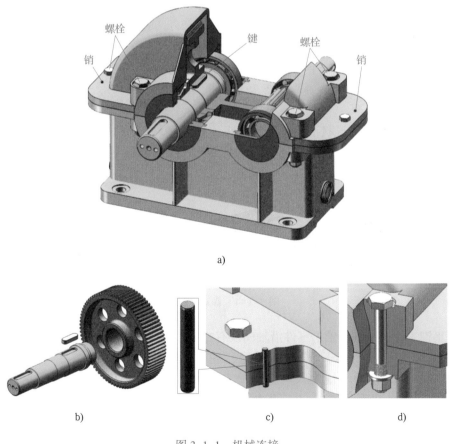

a)

b)　　　　　　　　　　　c)　　　　　　　　　d)

图 3-1-1　机械连接

a）减速器　b）键连接　c）销连接　d）螺纹连接

键连接可实现轴与轴上零件（如齿轮、带轮等）之间的周向固定，并传递运动和转矩。键连接具有结构简单、装拆方便、工作可靠及可实现标准化等特点，故在机械中应用极为广泛。

键连接的分类如图 3-1-2 所示。

图 3-1-2　键连接的分类

一、平键连接

平键连接的特点是靠平键的两侧面传递转矩，因此，键的两侧面是工作面，对中性好。而键的上表面与轮毂上的键槽底面之间留有间隙，以便装配。根据用途不同，平键分为普通平键、导向平键和滑键等。

1. 普通平键

普通平键的连接示意图如图 3-1-3 所示。

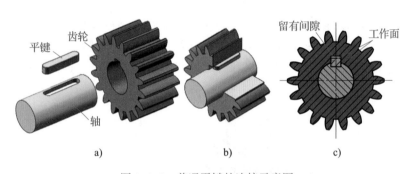

图 3-1-3　普通平键的连接示意图
a）分解图　b）装配图　c）剖面图

普通平键按键的端部形状不同可分为圆头（A 型）、方头（B 型）和单圆头（C 型）三种形式，如图 3-1-4 所示。圆头普通平键（A 型）因在键槽中不会发生轴向移动而应用最广，单圆头普通平键（C 型）则多应用在轴的端部。

A 型　　　　　　B 型　　　　　　C 型

图 3-1-4　普通平键

普通平键工作时，轴和轴上零件沿轴向没有相对移动。

普通平键是标准件，只需根据用途、轮毂长度等选取键的类型和尺寸。普通平键的尺寸是键宽 b、键高 h 和键长 L（图 3-1-5），其横截面尺寸 $b \times h$ 应根据 GB/T 1095—2003《平键　键槽的剖面尺寸》选定（表 3-1-1）；键长 L 应根据轮毂长度按 GB/T 1096—2003《普通型　平键》查取，一般比轮毂的长度短 5～10 mm。

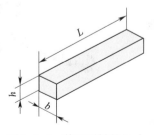

图 3-1-5　普通平键的尺寸

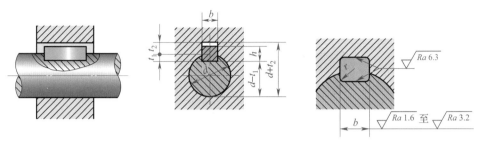

键尺寸 $b \times h$	键槽										
	宽度 b						深度				半径 r
	基本尺寸	极限偏差					轴 t_1		毂 t_2		
		正常连接		紧密连接	松连接		基本尺寸	极限偏差	基本尺寸	极限偏差	
		轴 N9	毂 JS9	轴和毂 P9	轴 H9	毂 D10					最小	最大
2×2	2	-0.004 -0.029	$\pm 0.012\,5$	-0.006 -0.031	$+0.025$ 0	$+0.060$ $+0.020$	1.2		1.0		0.08	0.16
3×3	3						1.8		1.4			
4×4	4	0 -0.030	± 0.015	-0.012 -0.042	$+0.030$ 0	$+0.078$ $+0.030$	2.5	$+0.10$	1.8	$+0.10$	0.16	0.25
5×5	5						3.0		2.3			
6×6	6						3.5		2.8			

注：有关更多数据，可查阅相关标准或手册。

普通平键的标记形式为：

| 标准号 | | 键型 | 键宽 | × | 键高 | × | 键长 |

【标记示例】

GB/T 1096 键 $16 \times 10 \times 100$：表示键宽为 16 mm、键高为 10 mm、键长为 100 mm 的 A 型普通平键。

GB/T 1096 键 B $16 \times 10 \times 100$：表示键宽为 16 mm、键高为 10 mm、键长为 100 mm 的 B 型普通平键。

GB/T 1096 键 C $16 \times 10 \times 100$：表示键宽为 16 mm、键高为 10 mm、键长为 100 mm 的 C 型普通平键。

2. 导向平键和滑键

当轮毂需要在轴上沿轴向移动时，可采用导向平键和滑键连接。如图 3-1-6 所示，导向平键比普通平键长，为防止松动，通常用紧定螺钉固定在轴上的键槽中，键与轮毂槽采用间隙配合，因此，轴上零件能做轴向滑动。为便于拆卸，键上设有起键螺孔。由于键太长时制造比较困难，因此，导向平键常用于轴上零件移动量不大的场合，如机床变速箱中的滑移齿轮。

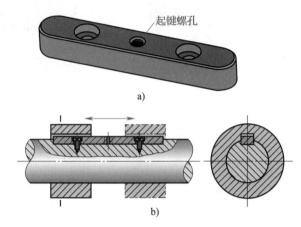

图 3-1-6　导向平键及其连接
a）导向平键　b）导向平键连接

如图 3-1-7 所示，滑键固定在轮毂上，由轮毂带动其在轴上的键槽中沿轴向滑移。键长不受滑动距离的限制，只需在轴上铣出较长的键槽，而键可做得较短。

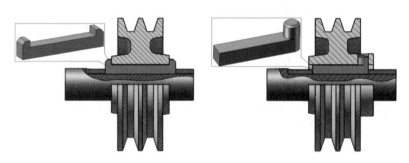

图 3-1-7　滑键连接

二、半圆键连接

半圆键连接如图 3-1-8 所示。半圆键工作面是键的两侧面，因此与平键一样有较好的对中性。半圆键可在轴上键槽中摆动以适应轮毂上键槽的斜度，适用于锥形轴与轮毂的连接。它的缺点是键槽对轴的强度削弱较大，只适用于轻载连接。

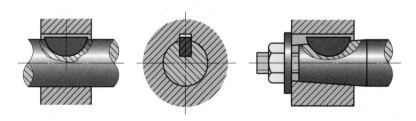

图 3-1-8　半圆键连接

三、花键连接

由沿轴和轮毂孔周向均布的多个键齿相互啮合而成的连接称为花键连接。花键分为外花键（花键轴）和内花键（花键孔），如图 3-1-9 所示。

花键连接的特点有以下几方面：

（1）花键连接由多齿传递载荷，承载能力强。

（2）花键的齿浅，对轴的强度削弱小。

（3）对中性及导向性好。

（4）加工需用专用设备，成本高。

花键连接多用于重载和要求对中性好的场合，尤其适用于经常滑动的连接。按齿形不同，花键连接可分为矩形花键连接和渐开线花键连接。花键连接的类型、特点及应用见表 3-1-2。

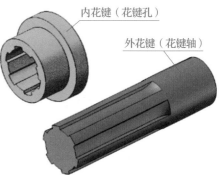

图 3-1-9　花键

表 3-1-2　　　　　　　　　　　　花键连接的类型、特点及应用

类型	图示	特点	应用
矩形花键连接	毂 轴	两侧面为平面，形状简单，加工方便。由于制造时轴和毂上的接合面都要经过磨削，因此，能消除热处理引起的变形，具有定心精度高、定心稳定性好、应力集中较小、承载能力较大等特点	用于重型机械（重系列），飞机、汽车、拖拉机（中系列），机床制造工业（轻系列）等领域
渐开线花键连接	毂 轴	齿廓为渐开线，其特点是制造精度较高，齿根强度高，应力集中小，承载能力大，定心精度高	常用于载荷较大、定心精度要求较高、尺寸较大的连接

四、楔键和切向键连接

1. 楔键

楔键分为普通楔键和钩头楔键，如图 3-1-10 所示，钩头楔键用于不能从一端将楔键打出的场合，钩头供拆卸用。装配时，将楔键打入轴与轴上零件之间的键槽内，使之连接成一整体，从而实现转矩传递。楔键常用于定心精度要求不高、载荷平稳和低速的场合，如带传动。

2. 切向键

切向键由一对具有 1:100 斜度的楔键沿斜面拼合而成，其上、下两工作面互相平行，轴和轮毂上的键槽底面没有斜度。装配时，两个键分别自轮毂两边打入，使两工作面分别与轴和轮毂的键槽底面压紧。工作时，靠工作面的压紧作用传递转矩，如图 3-1-11 所示。

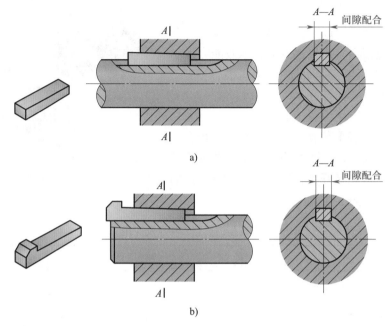

图 3-1-10　楔键连接

a）普通楔键连接　b）钩头楔键连接

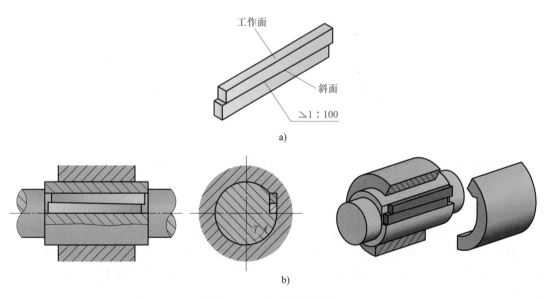

图 3-1-11　切向键及连接

a）切向键　b）切向键连接

销连接

销连接主要用于定位，即固定零件间的相对位置，是组合加工和装配时的辅助零件；也用于轴与毂的连接或其他零件的连接；还可以作为安全装置中的过载剪断零件。

销的形式很多，基本类型有圆柱销和圆锥销两种，它们均有带螺纹和不带螺纹两种形式。销的具体参数已标准化，常用圆柱销和圆锥销的类型、特点及应用见表3-2-1。

表 3-2-1　　　　　　常用圆柱销和圆锥销的类型、特点及应用

类型		应用图例	特点及应用
圆柱销	普通圆柱销		只能传递不大的载荷，销孔需要铰制，多次装拆会降低定位精度和连接的紧固性。适用于不经常拆装的定位连接场合
	内螺纹圆柱销		适用于不通孔的场合，螺纹供拆卸用 按结构不同分为 A 型、B 型，B 型有通气平面
圆锥销	普通圆锥销		圆锥销有 1:50 的锥度，安装方便，定位精度高 按加工精度不同分为 A 型、B 型，A 型加工精度较高

类型	应用图例	特点及应用
内螺纹圆锥销		分带内螺纹、大端带螺尾、小端带螺尾等几种 　带内螺纹和大端带螺尾的圆锥销适用于不通孔的场合，螺纹供拆卸用 　小端带螺尾的圆锥销可用螺母锁紧，适用于有冲击、振动的场合

提示

　　圆柱销多次拆装会降低定位精度和可靠性；圆锥销的定位精度和可靠性较高，多次拆装不会影响定位精度。因此，经常拆装的场合不宜采用圆柱销，而应选用圆锥销。销起定位作用时一般不承受载荷，并且使用的数量不得少于两个。一般来说，销作为安全销使用时还应有销套及相应结构。

§3-3　螺纹连接

　　一般机器都离不开螺栓、螺母等螺纹紧固件，它们依靠螺纹将各种零部件按一定的要求连接起来，这种依靠螺纹起作用的连接称为螺纹连接。螺纹紧固件多为标准的通用零件，在机械工业中的应用非常广泛。

　　一、常用螺纹的类型、特点及应用

　　螺纹是指在圆柱表面或圆锥表面上，沿着螺旋线形成的、具有相同断面的连续凸起和沟槽，如图 3-3-1 所示。在圆柱或圆锥外表面上所形成的螺纹称为外螺纹，在圆柱或圆锥内表面上所形成的螺纹称为内螺纹。

　　螺纹旋向的判别如图 3-3-2 所示，按螺旋线

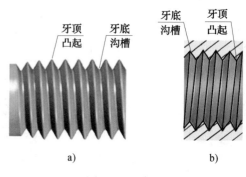

图 3-3-1　螺纹
a）外螺纹　b）内螺纹

旋绕方向不同，螺纹分为顺时针旋入的右旋螺纹和逆时针旋入的左旋螺纹，其中右旋螺纹较为常用。螺纹旋向直观的判别方法是，将螺纹轴线竖直放置，其可见侧螺纹牙由左向右上升时为右旋，反之为左旋。

形成螺纹的螺旋线的数目称为线数，以 n 表示。螺纹分为单线螺纹（沿一条螺旋线形成的螺纹）和多线螺纹（沿两条或两条以上在轴向等距分布的螺旋线形成的螺纹），螺纹线数如图 3-3-3 所示，图中 P_h 为导程，P 为螺距。

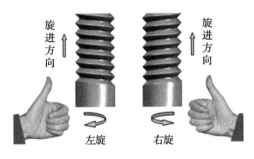

图 3-3-2　螺纹旋向的判别

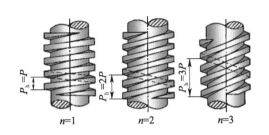

图 3-3-3　螺纹线数

常用连接螺纹的类型、特征代号、特点及应用见表 3-3-1。

表 3-3-1　　　　　　　常用连接螺纹的类型、特征代号、特点及应用

螺纹类型		特征代号	牙型图	特点及应用
普通螺纹	粗牙普通螺纹	M	60°	牙型的原始三角形为等边三角形，牙型角 $\alpha=60°$，是同一公称直径中螺距最大的螺纹，也是最常用的连接螺纹
	细牙普通螺纹			牙型与粗牙普通螺纹相同，但螺距小，自锁性能好；而牙细不耐磨，容易滑扣 常用于细小零件、薄壁管件或受冲击、振动以及变载荷的连接，也可作为微调机构的调整螺纹
管螺纹	螺纹密封管螺纹	R_1（圆锥外螺纹）、Rc（圆锥内螺纹）、Rp（圆柱内螺纹）	55° φ	牙型的原始三角形为等腰三角形，牙型角 $\alpha=55°$；螺纹分布在锥度为 1:16 的圆锥管壁上（内螺纹有圆锥螺纹和圆柱螺纹两种） 螺纹副本身具有密封性能，应用时允许在螺纹副内加入密封填料以提高密封的可靠性。多用于水、气、润滑和电气等系统中的管路连接

螺纹类型		特征代号	牙型图	特点及应用
管螺纹	非螺纹密封管螺纹	G	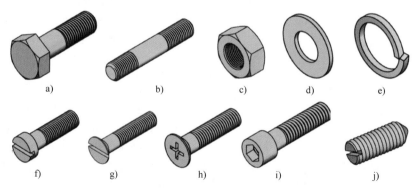 55°	牙型与螺纹密封管螺纹相似，但内、外螺纹均为圆柱螺纹 螺纹副本身密封性能较差，通常在螺纹副之外，采用在端面间添加密封垫圈的方法来保证连接的密封性。多用于水、气、润滑和电气等系统中的管路连接

普通螺纹的完整标记由特征代号、尺寸代号、公差带代号及其他有必要做进一步说明的信息（如旋合长度代号、旋向代号等）组成。特征代号与尺寸代号之间不留空，其他各部分之间用"–"分开。普通螺纹完整标记的格式为：

特征代号	尺寸代号	–	公差带代号	–	旋合长度代号	–	旋向代号

提示

在标准中，粗牙螺纹的每一个公称直径只对应一个螺距值，因此不必标出螺距值；而细牙螺纹的每一个公称直径对应着数个螺距值，因此必须标出螺距值。

连接螺纹多为右旋，因此右旋螺纹的旋向省略不标注；而左旋螺纹需在尺寸代号之后加注 LH，并用"–"隔开。

【标记示例】

M24：表示公称直径为 24 mm 的粗牙普通螺纹。

M24 × 1.5：表示公称直径为 24 mm，螺距为 1.5 mm 的细牙普通螺纹。

M24 × 1.5–LH：表示公称直径为 24 mm，螺距为 1.5 mm 的左旋细牙普通螺纹。

二、螺纹连接的类型、结构及应用

螺纹连接的螺纹紧固件大多已标准化，常用螺纹紧固件有螺栓、双头螺柱、螺钉、螺母、垫圈和防松零件等，如图 3-3-4 所示。

图 3-3-4 常用螺纹紧固件

a）六角头螺栓 b）双头螺柱 c）六角螺母 d）平垫圈 e）弹簧垫圈 f）开槽圆柱头螺钉 g）开槽沉头螺钉
h）十字槽沉头螺钉 i）内六角圆柱头螺钉 j）开槽锥端紧定螺钉

　　垫圈的主要作用是保护接触面，防止其在拧紧螺母时被擦伤，并可扩大接触面积以减小表面的挤压力；有的垫圈还起到螺纹连接的防松作用，如弹簧垫圈。

　　垫圈的公称尺寸与相配螺栓的公称尺寸一致。

　　螺纹连接在生产实践中应用很广，常见的螺纹连接有螺栓连接、双头螺柱连接、螺钉连接和紧定螺钉连接四种类型，其类型、结构、特点及应用见表3-3-2。

表 3-3-2　　　　　　　　　　螺纹连接的类型、结构、特点及应用

类型	图示	结构和特点	应用
螺栓连接	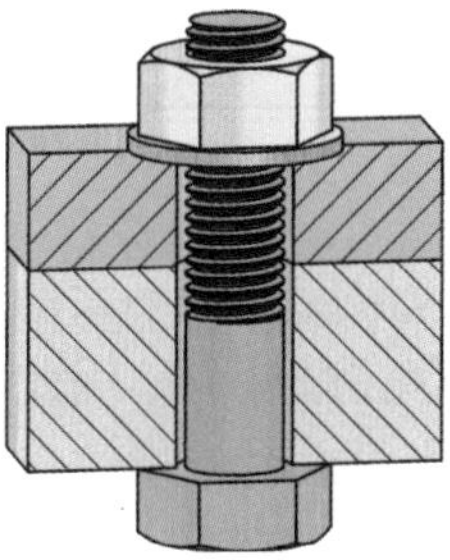	螺栓穿过两被连接件上的通孔并加螺母紧固，结构简单，装拆方便，成本低，应用广泛	用于两被连接件上均为通孔且有足够的装配空间的场合
双头螺柱连接	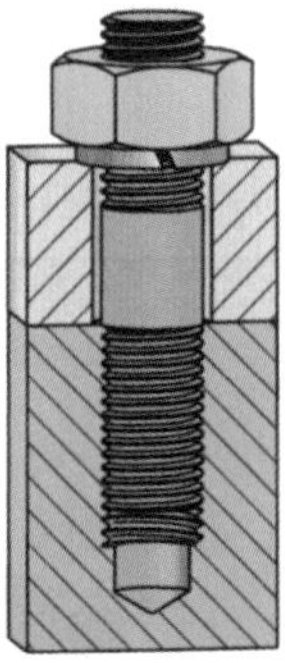	双头螺柱的两端均有螺纹，螺柱的旋入端靠螺纹配合的过盈及螺纹尾部的台阶拧紧在被连接件之一的螺纹孔中，装上另一个被连接件后，加垫圈并用螺母紧固。拆卸时，只需拧下螺母，故被连接件上的螺纹不易损坏	用于受结构限制或被连接件之一为不通孔并需经常拆卸的场合
螺钉连接	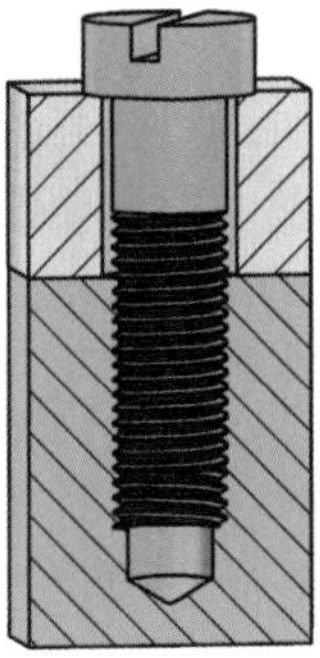	螺钉（或螺栓）穿过一个被连接件上的通孔而直接拧入另一个被连接件的螺纹孔内并紧固。若经常拆卸，则被连接件上的螺纹易损坏	用于被连接件之一较厚，不便加工通孔，且不必经常拆卸的连接

类型	图示	结构和特点	应用
紧定螺钉连接	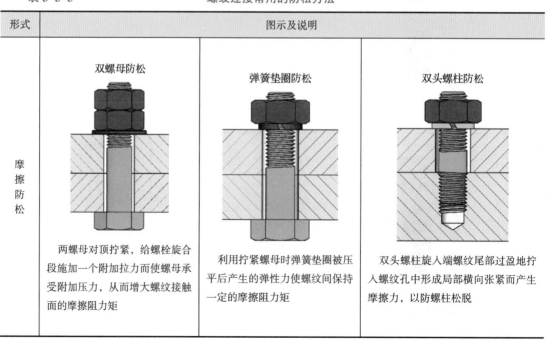	紧定螺钉拧入一个被连接件上的螺纹孔并用其端部顶紧另一个被连接件	用于固定两被连接件的相互位置，并可传递不大的力或转矩

三、螺纹连接的防松方法

螺纹连接多采用单线普通螺纹，在承受静载荷和工作环境温度变化不大的情况下，由于内、外螺纹的螺旋面之间以及螺纹零件端面与支承面之间存在摩擦力，因此螺纹连接一般不会自动松脱；但当承受振动、冲击、交变载荷或温度变化很大时，螺纹连接就有可能松脱。为了保证连接安全可靠，尤其是重要场合下的螺纹连接，应用时必须考虑防松问题。

螺纹连接常用的防松方法有摩擦防松、机械防松和破坏螺纹防松三种形式，具体见表 3-3-3。

表 3-3-3　　　　　　　　　　　　螺纹连接常用的防松方法

形式	图示及说明		
摩擦防松	**双螺母防松** 两螺母对顶拧紧，给螺栓旋合段施加一个附加拉力而使螺母承受附加压力，从而增大螺纹接触面的摩擦阻力矩	**弹簧垫圈防松** 利用拧紧螺母时弹簧垫圈被压平后产生的弹性力使螺纹间保持一定的摩擦阻力矩	**双头螺柱防松** 双头螺柱旋入端螺纹尾部过盈地拧入螺纹孔中形成局部横向张紧而产生摩擦力，以防螺柱松脱

形式	图示及说明

机械防松

槽形螺母与开口销防松

开口销穿过螺母槽并插入螺栓上的径向销孔中，使螺母、螺栓不能相对转动

止动垫圈防松

将止动垫圈的一舌折弯后插入被连接件上的预制孔中，另一舌待螺母拧紧后再折弯并贴紧在螺母的侧平面上以防松

串联钢丝防松

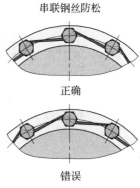

正确

错误

螺栓头部钻有小孔，使用时将钢丝穿入小孔并盘紧，以防止螺栓松脱。但要注意，钢丝盘绕的方向应是使螺栓旋紧的方向

破坏螺纹防松

焊接防松

螺母拧紧后，将螺母和螺栓焊接在一起，防松可靠，但拆卸困难，且拆后螺纹连接件不能再使用

铆接、冲点防松

螺母拧紧后，利用铆接或冲点破坏螺栓端部的螺纹牙型，防松可靠，但不易拆卸

粘接防松

涂黏结剂

在旋合螺纹间涂黏结剂，使螺纹副旋紧后粘接在一起，防松可靠，且有密封作用

四、螺纹连接的拆装

1. 螺纹连接的拆装工具

螺纹连接的主要拆装工具如图 3-3-5 所示。根据使用场合和部位的不同，可选用不同的工具。

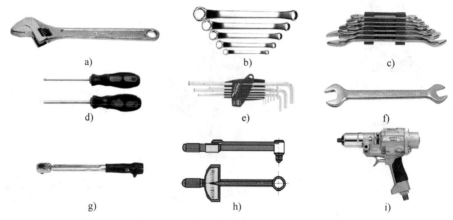

图 3-3-5　螺纹连接的主要拆装工具

a）活扳手　b）梅花扳手　c）成套呆扳手　d）旋具　e）内六角扳手　f）呆扳手

g）扭矩扳手　h）测力矩扳手　i）气动扳手

活扳手使用时可以根据螺母的大小调节开口，使用比较方便；梅花扳手的内孔为十二边形，它只要转过 30°，就能调换方向，使用范围很广，而且对螺母的损伤较小，一般成套使用；呆扳手也成套使用，其规格以开口的尺寸表示，使用时扳手开口的尺寸一定要符合螺母的尺寸；旋具用来拆装头部带槽的螺钉，一般有一字槽和十字槽两种；内六角扳手用于拆装内六角螺钉，也由一套不同规格的扳手组成；扭矩扳手和测力矩扳手可以控制拧紧的力矩；气动扳手应用于特定的场合，其扭矩可以由气压来决定。

2. 双头螺栓的拆装

双头螺栓的拆装方法如图 3-3-6 所示。其中，图 3-3-6a 所示为双螺母拆装法，首先将两个螺母相互锁紧在双头螺栓上，拧紧时扳动上面一个螺母，拆卸时扳动下面一个螺母；图 3-3-6b 所示为长螺母拆装法，使用时先将长螺母旋在双头螺栓上，然后拧紧顶端止动螺钉，拆装时只要扳动长螺母即可；图 3-3-6c 所示为用专用工具拆装双头螺栓，工具中带有偏心盘，按拧入方向转动，偏心盘可楔紧双头螺栓的外圆。

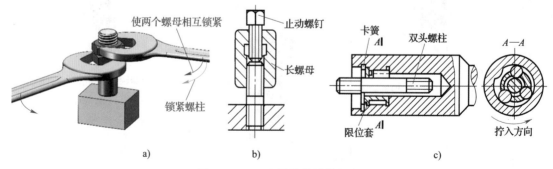

图 3-3-6　双头螺栓的拆装方法

a）双螺母拆装法　b）长螺母拆装法　c）用专用工具拆装

3. 螺纹连接拆装时的注意事项

装配螺纹连接时，应保证一定的拧紧力矩，使牙间产生足够的预紧力；垫圈不能漏装，特别是防松垫圈；在装配前须检查螺纹的精度；拆卸螺纹连接时，应控制一定的扭矩，不能损伤螺母。

*§3-4 弹簧

观察思考

弹簧是利用材料的弹性和结构特点，实现机械能与变形能量相互转换的一种零件。弹簧的应用如图3-4-1所示，你能说出这些弹簧分别起什么作用吗？

a)   b)   c)

图 3-4-1 弹簧的应用
a）测力计 b）摩托车 c）火车车厢

弹簧的常用分类方法如图3-4-2所示。按形状分，弹簧的主要类型、特点及应用见表3-4-1。

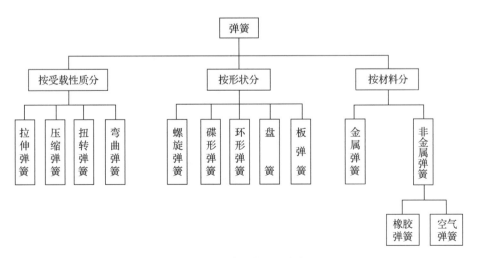

图 3-4-2 弹簧的常用分类方法

69

类型	承载方式	简图与实物图	特点及应用
螺旋弹簧 — 圆柱形弹簧	压缩		刚度稳定,结构简单,制造方便,应用最广
螺旋弹簧 — 圆柱形弹簧	拉伸		
螺旋弹簧 — 圆柱形弹簧	扭转		在各种装置中用于压紧、储能或传递转矩
螺旋弹簧 — 圆锥形弹簧	压缩		结构紧凑,稳定性好,刚度随载荷增大而增大,多用于载荷较大和需要减振的场合
碟形弹簧	压缩		刚度大,缓冲吸振能力强,适用于载荷很大而弹簧的轴向尺寸受到限制的场合,常用于机械中的平衡机构,在汽车、机床、电器等工业生产中应用广泛
环形弹簧	压缩		吸收较多能量,有很高的缓冲和吸振能力,常用作重型车辆和飞机起落架等的缓冲弹簧

类型	承载方式	简图与实物图	特点及应用
盘簧	扭转		变形角大，能储存的能量大，轴向尺寸较小，多用作钟表、仪器中的储能弹簧
板弹簧	弯曲		缓冲和减振性能好，主要用作汽车、拖拉机、火车等悬挂装置中的缓冲和减振装置

资料卡片

弹簧的制造

　　弹簧的制造方法有冷卷法和热卷法两种。大量生产时，常在万能自动卷簧机上卷制；单件及小批生产时，则在普通车床上制作或手工制作。弹簧成形后要进行表面检验，表面应光洁、无伤痕、无脱碳等缺陷。承受变载荷的弹簧，还需经喷丸等表面处理，以提高弹簧的疲劳强度。如图3-4-3所示为电脑弹簧机及其制造的弹簧。

图 3-4-3　电脑弹簧机及其制造的弹簧

§ 3-5 联轴器

联轴器是机械传动中的常用部件，多用来连接两传动轴，使其一起转动并传递扭矩，有时也可作为安全装置。例如，卷扬机传动系统中，联轴器将电动机轴与减速器连接起来并传递扭矩及运动。

用联轴器连接的两传动轴在机器工作中不能分离，只有当机器停止运转后才能用拆卸的方法将它们分开。

联轴器按结构特点不同，可分为刚性联轴器和挠性联轴器两大类。常用联轴器的类型、结构特点及应用见表 3-5-1。

表 3-5-1 　　　　　　　　　　常用联轴器的类型、结构特点及应用

类型	图示	结构特点及应用
刚性联轴器	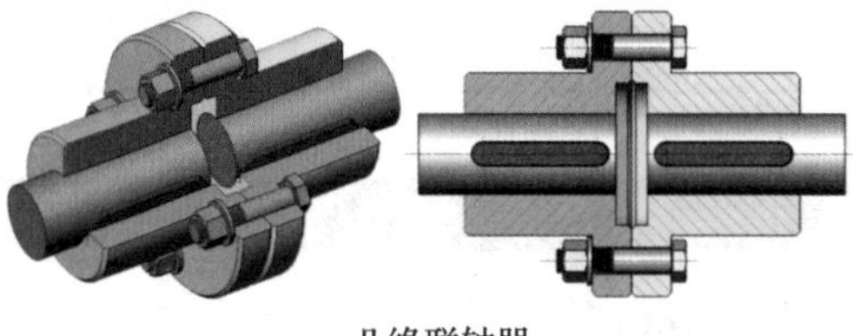 凸缘联轴器	利用两个半联轴器上的凸肩与凹槽相嵌合而对中。结构简单，拆装较方便，可传递较大的转矩。适用于两轴的对中性好、载荷平稳及经常拆卸的场合
挠性联轴器	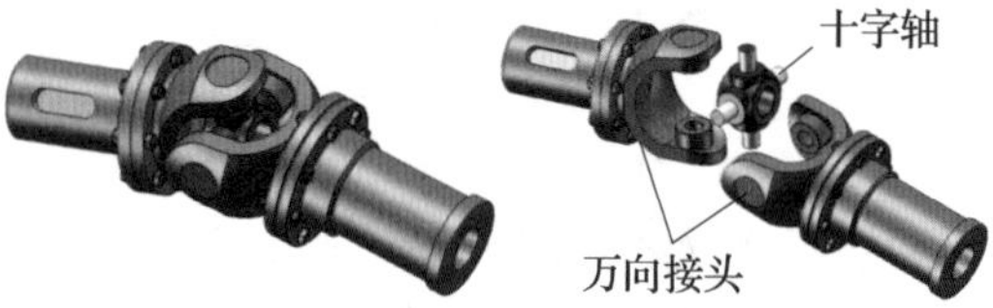 十字轴万向联轴器	允许两轴间有较大的角位移，且传递转矩较大，但传动中将产生附加动载荷，使传动不平稳。广泛应用于汽车、拖拉机及金属切削机床中
	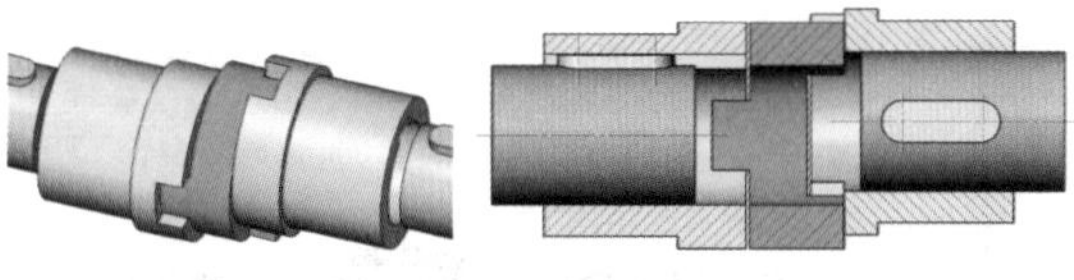 滑块联轴器	可适当补偿安装及运转时两轴间的相对位移，结构简单，尺寸小，但不耐冲击，易磨损。适用于低速、轴的刚度较大、无剧烈冲击的场合
	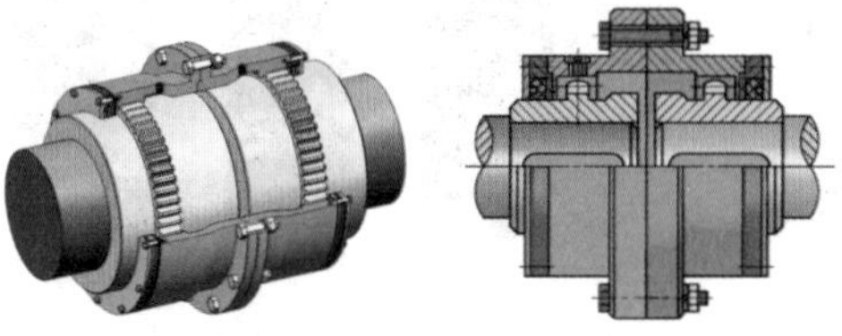 齿轮联轴器	具有良好的补偿性，允许有综合位移。可在高速、重载下可靠地工作，常用于正反转变化多、启动频繁的场合

类型	图示	结构特点及应用
挠性 联轴器	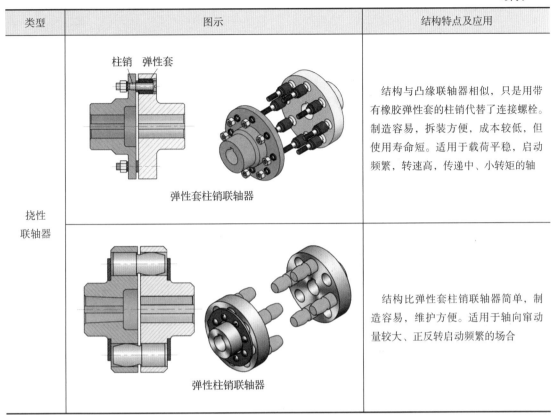 弹性套柱销联轴器 弹性柱销联轴器	结构与凸缘联轴器相似，只是用带有橡胶弹性套的柱销代替了连接螺栓。制造容易，拆装方便，成本较低，但使用寿命短。适用于载荷平稳，启动频繁，转速高，传递中、小转矩的轴 结构比弹性套柱销联轴器简单，制造容易，维护方便。适用于轴向窜动量较大、正反转启动频繁的场合

§3-6　离合器

在机器运转过程中，用联轴器连接的两轴不能分开，所以在实际应用中会受到制约。例如，汽车从启动到正常行驶过程中，需要根据具体情况换挡变速，为保持换挡时的平稳，减少冲击和振动，需要暂时断开发动机与变速箱的连接，待换挡变速后再逐渐接合。显然，联轴器不能满足这种要求。若采用离合器即可解决这个问题。离合器类似开关，能方便地接合或断开动力的传递。

与联轴器相同，离合器主要用来连接两轴，使其一起转动并传递扭矩。用离合器连接的两轴在机器的运转过程中可以随时接合或分离。另外，离合器也可用于过载保护等，通常用于操纵机械传动系统的启动、停止、换向及变速。

对离合器的要求是：工作可靠，接合平稳，分离迅速而彻底，动作准确，调节和维修方便，操作方便省力，结构简单等。

离合器的类型很多，一般的机械离合器有牙嵌式和摩擦式等。常用离合器的类型、结构、特点及应用见表3-6-1。

表 3-6-1　　　　　　　　　常用离合器的类型、结构、特点及应用

类型	图示	结构和特点	应用
牙嵌式离合器		由两个端面带牙的半离合器组成，通过啮合的齿来传递扭矩。工作时利用操纵杆带动滑环使半离合器做轴向移动，从而实现离合器的分离和接合。结构简单，尺寸小，能传递较大的扭矩	适用于低速或停机时的接合
齿形离合器	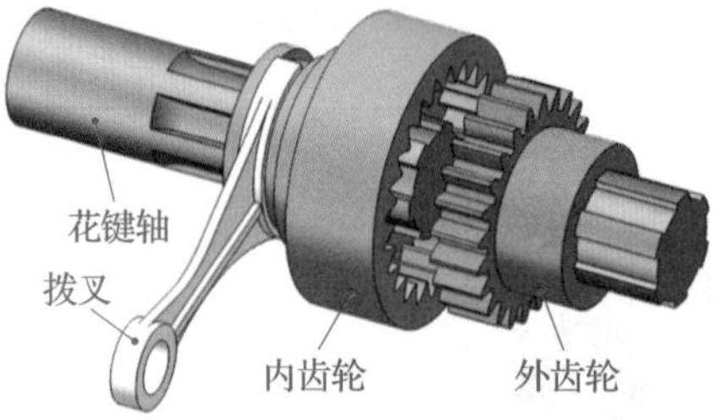 　花键轴　拨叉　内齿轮　外齿轮	利用内、外齿组成嵌合副的离合器，操作方便	多用于机床变速箱中
摩擦式离合器	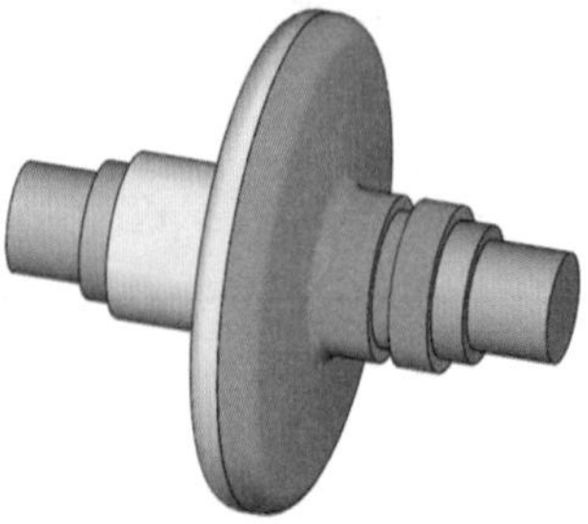	操纵滑环使主、从动盘压紧或松开，从而实现两轴的离合。结构简单，接合平稳，散热性好，有过载保护作用，但传递的扭矩较小	常用于必须经常启动、制动或频繁改变速度大小和方向的机械，如汽车、拖拉机等

§3-7　实训环节——联轴器的拆装

一、实训任务

如图 3-7-1 所示为凸缘联轴器，本次实训任务就是对其进行拆装。通过对凸缘联轴器的拆装，进一步了解联轴器的结构，并掌握拆装成组螺母的方法以及螺纹的防松方法。

二、任务准备

1. 工具准备

本任务需要准备的工具是扳手，如图 3-7-2 所示。活扳手可以拧紧或松开一定尺寸范围内的六角螺母和螺栓，而呆扳手和梅花扳手只能拧紧或松开一个尺寸规格的螺母和螺栓。在拧紧或松开的过程中，活扳手和呆扳手只能使螺母的两个面受力，容易损坏螺母而在拧紧或松开过程中打滑，而梅花扳手使螺母的六个面同时受力，因而不易损坏螺母。

图 3-7-1 凸缘联轴器

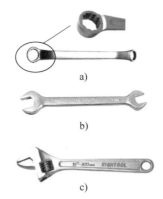

图 3-7-2 扳手
a）梅花扳手 b）呆扳手 c）活扳手

2. 知识准备

在使用活扳手的过程中要注意应使固定钳口受力，而不能让活动钳口受力，否则容易损坏扳手，如图 3-7-3 所示。

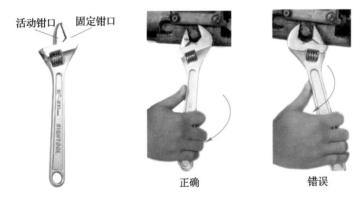

图 3-7-3 活扳手的使用方法

三、任务实施

1. 联轴器的拆卸

利用扳手拆卸联轴器的螺纹紧固件，观察联轴器的结构。具体拆卸步骤如下：

（1）用扳手拧松螺母。在拧松时不要逐个完全拧松，应当一起拧松后取出	（2）抽出螺栓。如螺栓较紧，可用直径小于孔径的销棒敲击出，但在敲击时应注意力的大小，不能损坏螺纹	（3）分开联轴器。两个半联轴器中一个带有凹槽，一个带有凸肩

*2. 联轴器的装配

（1）联轴器螺母的装配方法

联轴器采用成组螺母连接，在装配成组螺母时为了保证零件贴合面受力均匀，应按一定要求旋紧，并且不要一次完全旋紧，应按次序分两次或三次旋紧。成组螺母的旋紧次序见图 3-7-4。

（2）装配步骤

1）装配前先对联轴器进行清洗和清理，主要是对半联轴器的接触表面进行清洗和清理，不能有杂物和毛刺。

2）装配时先让凸肩与凹槽进行配合，并注意两键槽的位置，应尽量使两键槽在同一位置。

3）按成组螺母装配的方法装配螺母和螺栓。

四、学生反馈表（表 3-7-1）

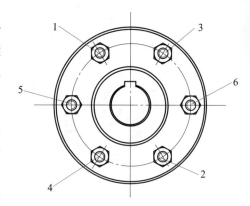

图 3-7-4　成组螺母的旋紧次序

表 3-7-1　　　　　　　　　　　　学生反馈表

序号	内容	答案（总结）
1	联轴器螺纹连接用的是哪种防松方法？日常生活中螺纹防松的方法还有哪些？	
2	联轴器中凸肩与凹槽的作用是什么？	
3	成组螺母应怎么装配？为什么要这样装配？	

第4章

机　　构

§4-1　平面机构的组成

一、平面机构

观察思考

　　观察如图4-1-1所示各种运动机构的运动特点，结合其实现的功能，想一想它们各自具有怎样的特点？在生活或生产中，还有哪些类似的应用也具有这些运动特点？

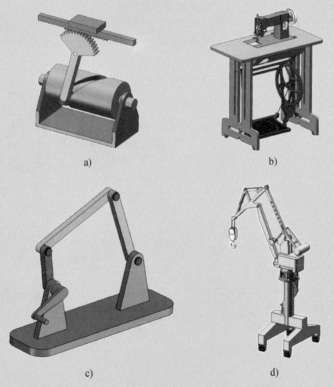

图4-1-1　各种运动机构

a）自动车床的走刀机构（局部）　b）缝纫机　c）曲柄连杆机构　d）港口用超重起重机平面四杆机构

机构是具有确定运动的构件系统，其组成要素有构件和运动副。若组成机构的所有构件都在同一平面或相互平行的平面内运动，则称该机构为平面机构，否则称为空间机构。

二、平面运动副

机械的重要特征是其各组成构件之间具有确定的相对运动，因此必须对各个构件的运动加以必要的限制。在机械中，每个构件都以一定方式与其他构件相互接触，两者之间形成一种可动的连接，从而使两个相互接触的构件之间的相对运动受到限制。两个构件之间的这种可动连接称为运动副。

两构件之间有不同的接触方式，从而形成不同的运动副。如图 4-1-2 所示，甲同学拉货物时，在货物与地面之间垫上了圆木，省力。乙同学直接在地面上拉货物，费力。你能分析原因是什么吗？

图 4-1-2　货物与地面的不同接触方式

1. 低副

（1）低副的类型及应用

两构件之间为面接触的运动副称为低副。按两构件之间相对运动特征的不同，低副可分为转动副、移动副和螺旋副，低副的类型及应用见表 4-1-1。

表 4-1-1　　　　　　　　　　　低副的类型及应用

类型	定义	应用
转动副	两构件接触处只允许做相对转动的运动副	
移动副	两构件接触处只允许做相对移动的运动副	中滑板与导轨之间构成移动副　床鞍与导轨之间构成移动副　中滑板　导轨　导轨　床鞍

类型	定义	应用
螺旋副	两构件只能沿轴线做相对螺旋运动的运动副。在接触处两构件做一定关系的连转带移的复合运动	

（2）低副的结构及符号

在分析机构运动时，为了使问题简化，可以不考虑那些与运动无关的因素（如构件的外形和断面尺寸、组成构件的零件数目、运动副的具体构造等），仅用简单的线条和符号来代表构件和运动副，并按一定比例表示各运动副的相对位置。

转动副的表示方法如图4-1-3所示，小圆圈表示铰链，线段表示构件，带阴影线的构件表示机架（固定不动）。

图 4-1-3　转动副的表示方法

a）固定铰链　b）活动铰链　c）表示方法

如图4-1-4和图4-1-5所示分别为移动副和螺旋副的表示方法。

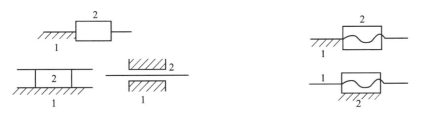

图 4-1-4　移动副的表示方法　　　　　图 4-1-5　螺旋副的表示方法

2. 高副

两构件之间为点或线接触的运动副称为高副。按接触方式不同，高副通常分为滚动轮接触、凸轮接触和齿轮接触，高副的类型及应用见表4-1-2。

表4-1-2　　　　　　　　　　　高副的类型及应用

类型	应用
滚动轮接触	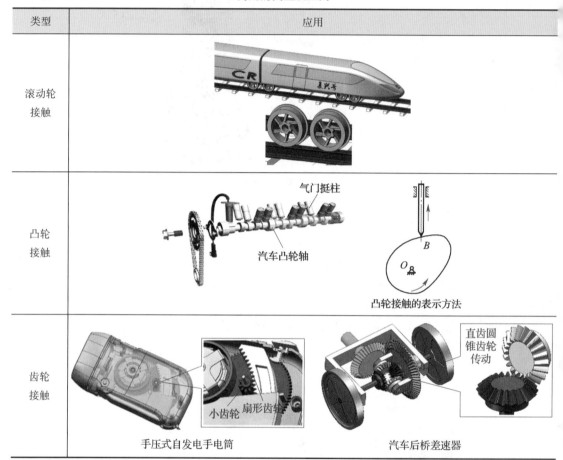
凸轮接触	气门挺柱　汽车凸轮轴　　凸轮接触的表示方法
齿轮接触	小齿轮　扇形齿轮　手压式自发电手电筒　　直齿圆锥齿轮传动　汽车后桥差速器

*三、机构运动简图的测绘

实际构件的外形和结构往往很复杂，在研究机构运动时，为了使问题简化，有必要撇开那些与运动无关的构件外形和运动副的具体构造，仅用简单线条和符号来表示构件和运动副，并按比例定出各运动副的位置。这种说明机构各构件间相对运动关系的简化图形，称为机构运动简图。

1. 机构分析

（1）测绘时使被测绘的机构缓慢地运动，从主动件开始仔细观察机构运动，分清各运动单元，确定主动件、机架、传动部件和执行部件，从而确定组成机构的构件数目和运动副的数目。

（2）根据连接构件间的接触情况及相对运动的性质，确定各个运动副的种类。

（3）选择最能表现机构特征的平面作为视图平面。

（4）在稿纸上按规定的符号及构件的连接次序逐步画出机构运动简图的草图，然后用数字 1、2、3…分别标出各构件，用 A、B、C…分别标出各运动副。

（5）仔细测量机构各运动尺寸（如转动副间的中心距、移动副导路的位置），对于高副则应仔细测出高副的轮廓曲线及其位置，然后以适当的比例作机构运动简图。

2. 绘制机构运动简图的步骤

（1）了解清楚机械的实际构造、动作原理和运动情况。

（2）沿运动传递线，逐一分析每两个构件之间相对运动的性质，确定运动副的类型和数目。

（3）选择恰当的机构运动简图视图平面（通常选择机械中多数构件的运动平面）。

（4）选择恰当的作图比例。

（5）确定各运动副的相对位置，用各运动副的代表符号、常用机构运动简图符号和简单线条，绘制机构运动简图。

（6）在主动件上标出箭头以表示其运动方向。

【例 4-1-1】 如图 4-1-6a 所示为颚式碎矿机，当曲轴绕其轴心 O 连续转动时，动颚板做往复摆动，从而将处于动颚板和固定颚板之间的矿石轧碎。试绘制此碎矿机的机构运动简图。

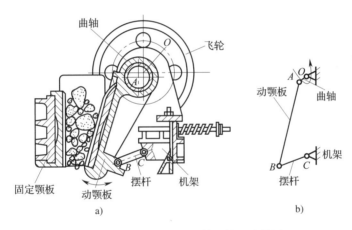

图 4-1-6 颚式碎矿机及其机构运动简图

a）结构示意图 b）机构运动简图

（1）运动分析。此碎矿机由主动件曲轴、动颚板、摆杆和机架 4 个构件组成，飞轮固定安装在曲轴上，固定颚板固定安装在机架上。

曲轴与机架在 O 点构成转动副（即飞轮的回转中心）；曲轴与动颚板构成转动副，其轴心在 A 点；摆杆分别与动颚板和机架在 B、C 两点构成转动副。

其运动传递为：电动机→传动带→曲轴→动颚板→摆杆。

所以，其机构主动件为曲轴，从动件为摆杆，两者与动颚板和机架共同构成曲柄摇杆机构。

（2）按图量取尺寸，选取合适的比例尺，确定 O、A、B、C 四个转动副的位置，即可绘制出机构运动简图，如图 4-1-6b 所示。最后标出主动件的转动方向。

从图中可以看出，O、C 在同一条竖直线上。量取 $OA=2$ mm，$AB=24$ mm，$BC=8$ mm，$OC=22$ mm。

观察思考

观察图 4-2-1 所示港口起重机工作过程中各机构的运动（或播放相关视频），尝试绘制其机构运动简图，并分析该机构的运动特点。

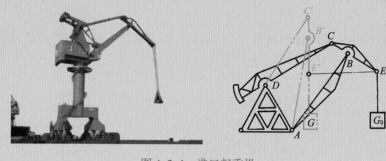

图 4-2-1　港口起重机

一、平面四杆机构的基本类型、特点和应用

由一些刚性构件用转动副和移动副相互连接而组成的，在同一平面或相互平行平面内运动的机构称为平面连杆机构。平面连杆机构构件的形状多种多样，不一定为杆状，但从运动原理来看，均可用等效的杆状构件来代替。最常用的平面连杆机构是具有四个构件（包括机架）的低副机构，称为平面四杆机构。例如，港口起重机的工作部分就是平面四杆机构。

工程上常用的平面四杆机构的机构运动简图如图 4-2-2 所示。其中，图 4-2-2a 所示的平面铰链四杆机构是平面四杆机构的基本形式，也是其他多杆机构的基础。

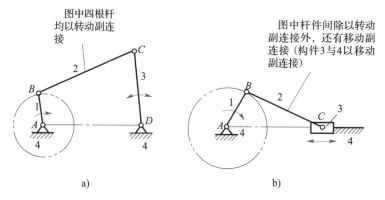

图 4-2-2　工程上常用的平面四杆机构的机构运动简图
a）平面铰链四杆机构　b）平面滑块四杆机构

二、平面铰链四杆机构

如图 4-2-3 所示，在平面铰链四杆机构中，固定不动的构件 4 称为机架，不与机架直接相连的构件 2 称为连杆，与机架相连的构件 1、3 称为连架杆。平面铰链四杆机构按两连架杆的运动形式不同，分为曲柄摇杆机构、双曲柄机构和双摇杆机构三种基本类型。

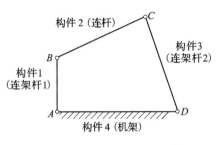

图 4-2-3　平面铰链四杆机构

提示
曲柄——与机架用转动副相连，且能绕该转动副轴线整周旋转的构件。 　摇杆——与机架用转动副相连，但只能绕该转动副轴线摆动的构件。

1. 平面铰链四杆机构类型的判别

曲柄是能做整周旋转的连架杆，只有这种能做整周旋转的构件才能用电动机等连续转动的装置来带动，所以，能做整周旋转的构件在机构中具有重要地位，即曲柄是机构中的关键构件。

平面铰链四杆机构中是否存在曲柄，主要取决于机构中各杆的相对长度和机架的选择。平面铰链四杆机构存在曲柄，必须同时满足两个条件：最短杆与最长杆的长度之和小于或等于其他两杆长度之和；连架杆和机架中必有一杆是最短杆。

根据曲柄存在条件，可以推论得出平面铰链四杆机构三种基本类型的判别方法，见表 4-2-1。

表 4-2-1　平面铰链四杆机构三种基本类型的判别方法（AD 为最长杆，AB 为最短杆）

条件	类型	说明	图示
$L_{AD}+L_{AB}\leqslant$ $L_{BC}+L_{CD}$	曲柄摇杆机构	连架杆之一为最短杆	
	双曲柄机构	机架为最短杆	
	双摇杆机构	连杆为最短杆	

83

条件	类型	说明	图示
$L_{AD}+L_{AB}>$ $L_{BC}+L_{CD}$	双摇杆机构	无论哪个杆为机架，都无曲柄存在	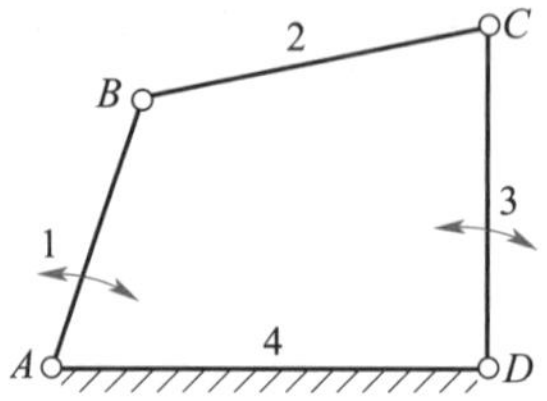

2. 平面铰链四杆机构应用举例（表4-2-2）

表 4-2-2   平面铰链四杆机构应用举例

类别	图例	机构运动简图	机构运动分析
曲柄摇杆机构	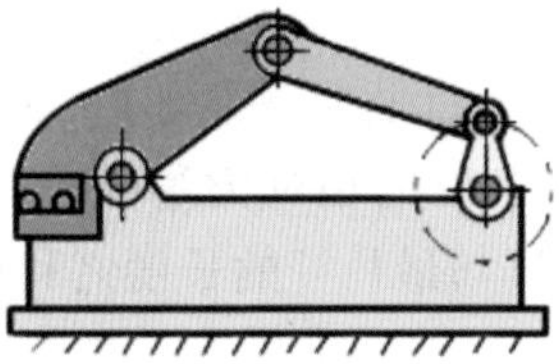 剪板机	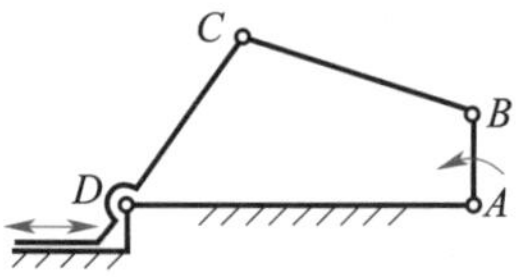	曲柄AB为主动件且匀速转动，通过连杆BC带动摇杆CD做往复摆动，摇杆延伸端实现剪板机上刃口的开合剪切动作
	 雷达天线俯仰角摆动机构	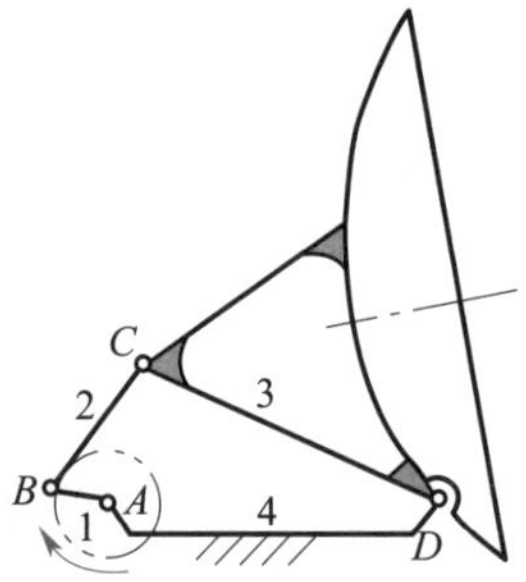	曲柄1转动，通过连杆2使固定在摇杆3上的天线做一定角度的摆动，以调整天线的俯仰角
	 汽车雨刷器	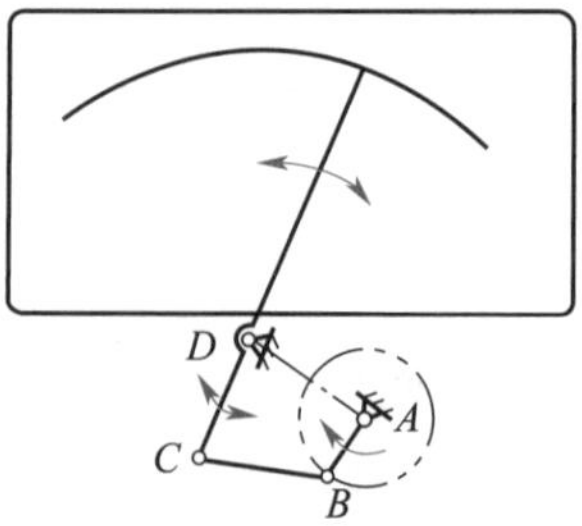	主动曲柄AB回转，从动摇杆CD往复摆动，利用摇杆的延长部分实现刮雨动作

84

类别	图例	机构运动简图	机构运动分析
双曲柄机构	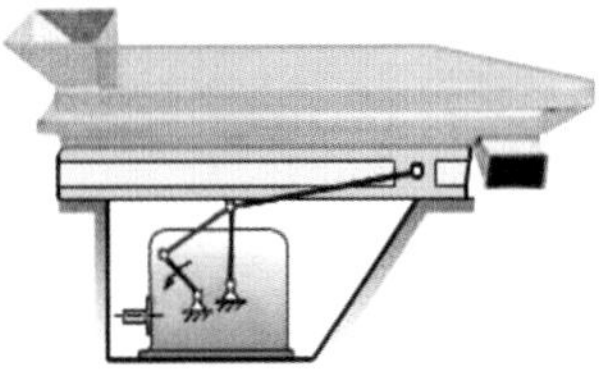 惯性筛 （不等长双曲柄机构）	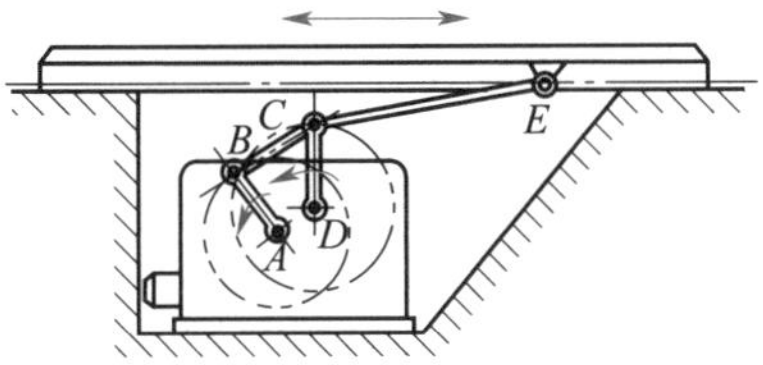	主动曲柄 AB 做匀速转动，从动曲柄 CD 做变速转动，通过构件 CE 使筛子产生变速直线运动，筛子内的物料因惯性而来回抖动
	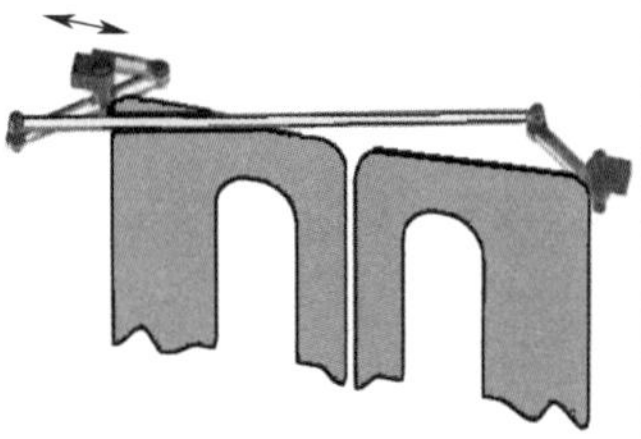 汽车门启闭机构 （反向双曲柄机构）	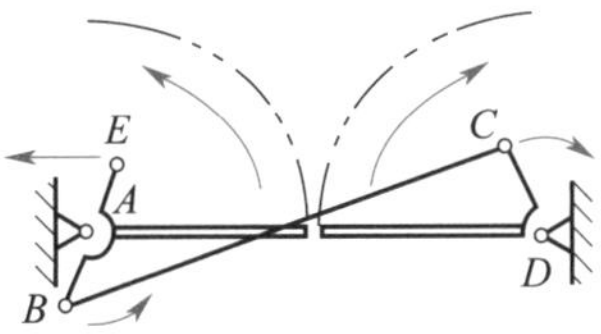	两曲柄的转向相反，角速度也不相同。牵动主动曲柄 AB 的延伸端 E，能使两扇车门同时开启或关闭
双摇杆机构	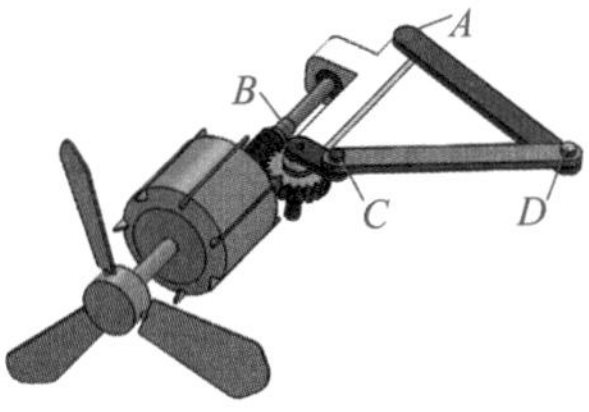 电风扇摇头机构	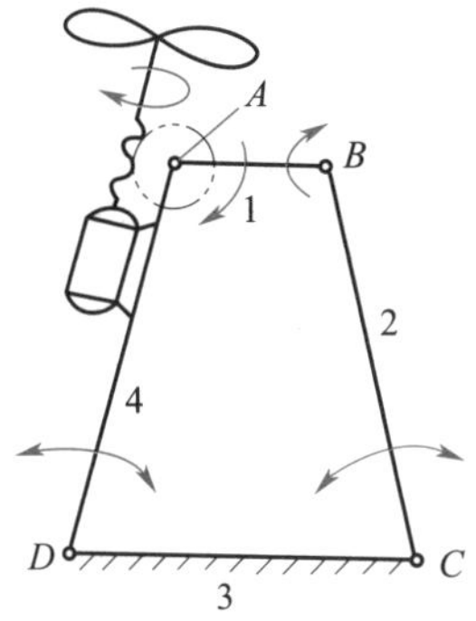	电风扇摇头机构即为双摇杆机构。当电动机输出轴带动 AB 转动时，构件 AB 带动两从动摇杆 AD 和 BC 做往复摆动，从而实现电风扇的摇头动作

* 三、平面四杆机构的基本性质

1. 急回特性

如图 4-2-4 所示曲柄摇杆机构中，当曲柄整周回转时，摇杆在 C_1D 与 C_2D 两极限位置之间往复摆动。当摇杆在 C_1D、C_2D 两极限位置时，曲柄与连杆共线，对应两位置所夹的锐角称为极位夹角，用 θ 表示。

当主动件曲柄沿逆时针方向等角速度连续转动，由 AB_1 位置转到 AB_2 位置时，转角为 $180°+\theta$，摇杆由 C_1D 摆到 C_2D，其所用时间为 t_1；当曲柄由 AB_2 位置转到 AB_1 位置时，转角

85

为 $180° - \theta$，摇杆由 C_2D 摆到 C_1D，其所用时间为 t_2。摇杆往复摆动所用的时间不等（$t_1 > t_2$），平均角速度也不等，通常情况下，摇杆由 C_1D 摆到 C_2D 的过程被用作机构中从动件的工作行程，摇杆由 C_2D 摆到 C_1D 的过程被用作机构中从动件的空回行程。空回行程时的平均角速度（$\overline{\omega}_2$）大于工作行程时的平均角速度（$\overline{\omega}_1$），机构的这种性质称为急回特性。

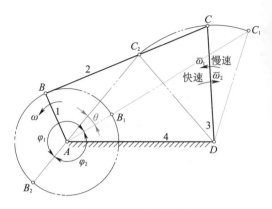

图 4-2-4　曲柄摇杆机构

机构的急回特性可用行程速比系数 K 表示，即

$$K = \frac{\overline{\omega}_2}{\overline{\omega}_1} = \frac{t_1}{t_2} = \frac{180° + \theta}{180° - \theta}$$

式中　$\overline{\omega}_1$——从动件工作行程的平均角速度，rad/s；

$\overline{\omega}_2$——从动件空回行程的平均角速度，rad/s；

t_1——从动件工作行程的所用时间，s；

t_2——从动件空回行程的所用时间，s；

θ——极位夹角，（°）。

上式表明，当机构有极位夹角 θ 时，机构有急回特性；极位夹角 θ 越大，机构的急回特性越明显；极位夹角 $\theta = 0°$ 时，机构往返所用的时间相同，机构无急回特性。平面四杆机构的急回特性可以节省非工作时间，提高生产效率，如牛头刨床退刀速度明显高于工作速度，就是利用了平面四杆机构的急回特性。

2. 死点位置

观察思考

观察生活中用到的缝纫机（或播放相关视频），如图 4-2-5 所示，询问操作人员，是否遇到过踩踏板时，由于操作不当，出现踩不动或使缝纫机飞轮正转或反转的情况，并分析其原因。

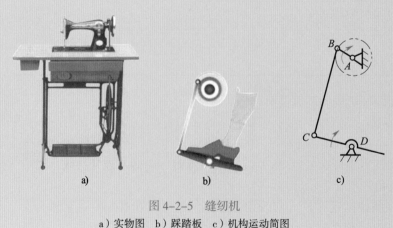

a)　　　　　　　b)　　　　　　　c)

图 4-2-5　缝纫机

a）实物图　b）踩踏板　c）机构运动简图

缝纫机的踏板机构是以摇杆为主动件的曲柄摇杆机构。

如图 4-2-6 所示曲柄摇杆机构中，若摇杆 CD 为主动件，曲柄 AB 为从动件，则当摇杆摆动到极限位置 C_1D 或 C_2D 时，连杆 BC 与从动曲柄 AB 共线，主动摇杆 CD 通过连杆 BC 加于从动曲柄 AB 上的力将通过从动件的铰链中心 A，从而使驱动力对从动曲柄 AB 的回转力矩为零，使机构转不动或出现运动不确定现象。机构的这种位置称为死点位置。

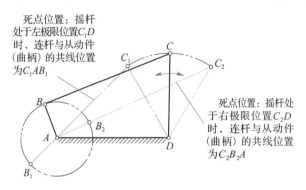

图 4-2-6　曲柄摇杆机构的死点位置

死点位置有害时应该加以克服，但在某些场合却是有利的，可以用来实现工作要求，如图 4-2-7 所示钻床夹紧机构。

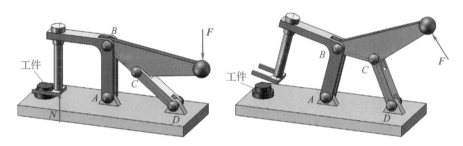

当工件被夹紧时，BCD 成一条直线，撤去外力 **F** 之后，机构在工件反弹力的作用下，处于死点位置。即使反弹力很大，工件也不会松脱，使夹紧牢固可靠

图 4-2-7　钻床夹紧机构

如图 4-2-8 所示飞机起落架机构中，杆 BC 和杆 CD 共线，此时机轮上即使受到很大的力，由于机构处于死点位置，起落架也不会反转，从而使飞机降落更加安全可靠。

图 4-2-8　飞机起落架机构

机构顺利通过死点位置的方法

为了使机构能够顺利地通过死点位置，继续正常运转，常采用以下方法：

（1）利用从动曲柄本身的质量或附加一个转动惯量大的飞轮，如图4-2-9所示，依靠其惯性作用来导向以通过死点位置。

图 4-2-9 手扶拖拉机

（2）采用多组机构错列，图4-2-10所示为两组车轮的错列装置，两组机构的曲柄错列成90°。

（3）增设辅助构件。图4-2-11所示为机车车轮联动装置，在机构中增设了一个辅助曲柄 EF。

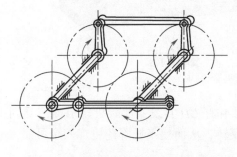

图 4-2-10 两组车轮的错列装置

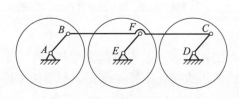

图 4-2-11 机车车轮联动装置

四、含有一个移动副的平面四杆机构

在生产实际中，除以上介绍的平面铰链四杆机构外，还广泛采用其他形式的平面四杆机构，这些平面四杆机构一般是通过改变平面铰链四杆机构某些构件的形状、相对长度或选择不同构件作为机架等方式演化而来的。其中，曲柄滑块机构和导杆机构就是带有一个移动副的平面四杆机构。

1. 曲柄滑块机构

曲柄滑块机构是具有一个曲柄和一个滑块的平面四杆机构，其应用实例见表4-2-3。

表 4–2–3 曲柄滑块机构应用实例

应用实例	机构运动简图	运动分析
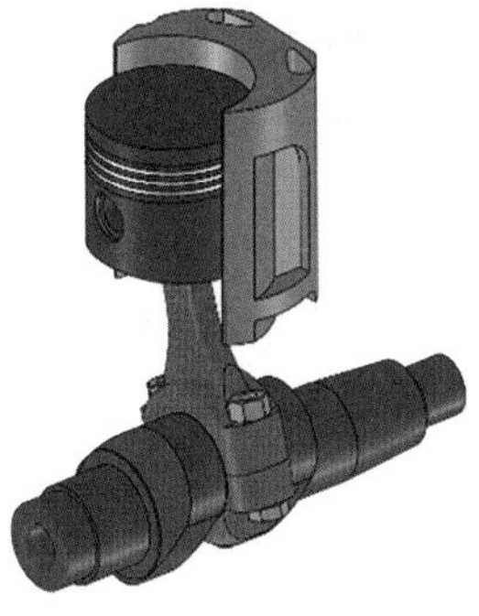 内燃机气缸（曲柄滑块机构）	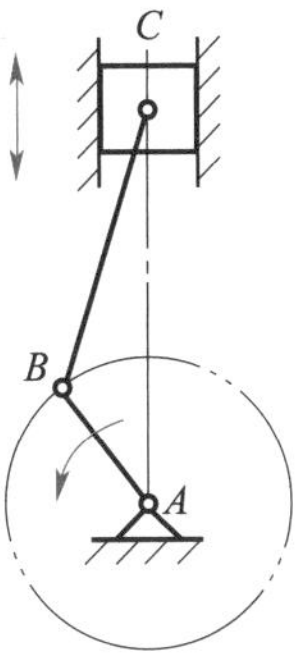	活塞（即滑块）的往复直线运动通过连杆转换成曲轴（即曲柄）的旋转运动
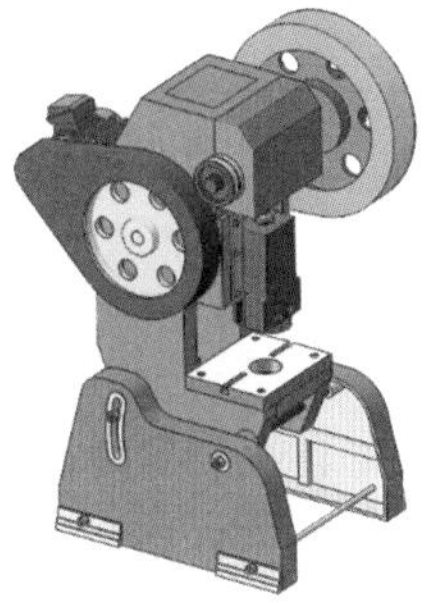 冲压机（曲柄滑块机构）	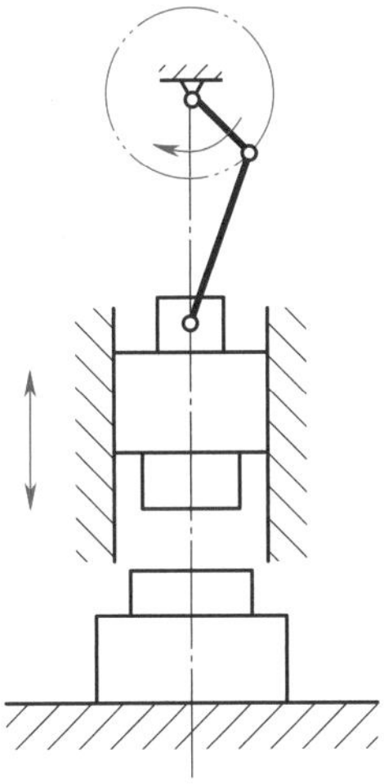	曲轴（即曲柄）的旋转运动转换成冲压头（即滑块）的上下往复直线运动，完成对工件的压力加工
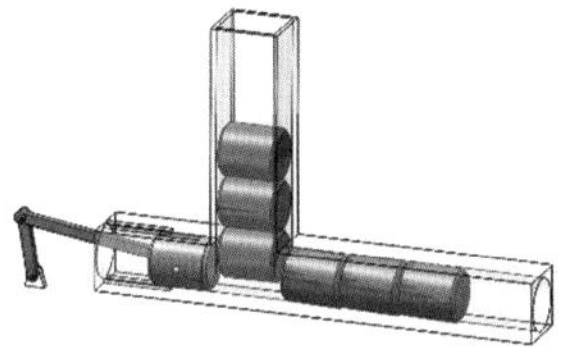 滚轮送料机（曲柄滑块机构）	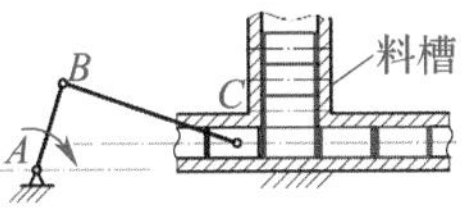	曲柄 AB 每转动一周，滑块 C 就从料槽中推出一个工件

资料卡片

在曲柄摇杆机构和曲柄滑块机构中，当曲柄较短时，往往用一个旋转中心与几何中心不重合的偏心轮代替曲柄。如图 4–2–12 所示的偏心轮机构，偏心距（轮的几何中心 B 点至旋转中心 A 点的距离）相当于曲柄长度。偏心轮机构常用于受力较大且摇杆或滑块行程较小的剪床、冲床、颚式破碎机等机械中。

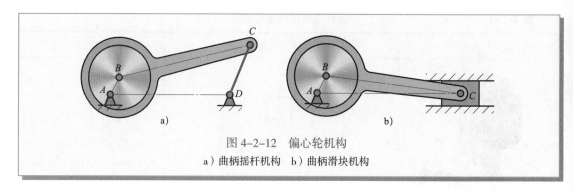

图 4-2-12　偏心轮机构

a）曲柄摇杆机构　b）曲柄滑块机构

2. 导杆机构

导杆是机构中与另一运动构件组成移动副的构件。连架杆中至少有一个构件为导杆的平面四杆机构称为导杆机构。

导杆机构可以看作是通过改变曲柄滑块机构中固定件的位置演化而成的。当曲柄滑块机构选取不同构件作为机架时，会得到不同的导杆机构类型，导杆机构类型与应用实例见表 4-2-4。

表 4-2-4　　　　　　　　　导杆机构类型与应用实例

应用实例	机构运动简图	运动分析
牛头刨床主运动机构（摆动导杆机构）		主动件 AB 做等速回转，从动件导杆 BC 做往复摆动，带动滑枕做往复直线运动
手动抽水机（移动导杆机构）		扳动手柄1，可以使活塞杆（杆3）在水泵（杆4）内上下移动，从而完成抽水动作
汽车自动卸料机构（曲柄摇块机构）		利用液压缸（摇块3）的液压油压力推动活塞（杆2）运动，迫使车厢（杆1）绕 C 点翻转，物料便自动卸下

§4-3   凸轮机构

一、凸轮机构的组成、类型、特点及应用

1. 凸轮机构的组成

观察思考

　　观察如图 4-3-1 所示内燃机的配气机构，分析内燃机配气机构是如何按照气缸的工作顺序和工作过程的要求来控制气门的开启与关闭，从而保证发动机在工作中定时将新鲜的可燃混合气充入气缸，并及时将燃烧后的废气排出气缸的。

　　通过分析内燃机配气机构的工作原理可以得知，凸轮机构依靠凸轮轮廓直接与从动件接触，从而迫使从动件做有规律的往复直线运动或摆动。这种直线往复运动或摆动的运动规律决定了凸轮的轮廓形状。

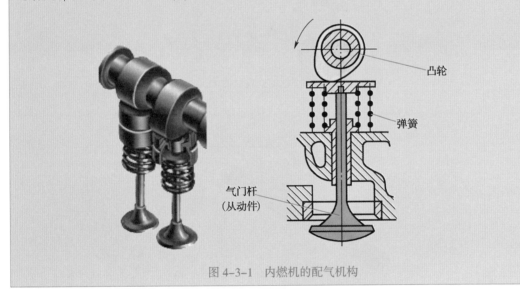

图 4-3-1　内燃机的配气机构

　　凸轮机构是由凸轮、从动件和机架三个基本构件组成的高副机构，凸轮机构示意图如图 4-3-2 所示。其中，凸轮是一个具有曲线轮廓或凹槽的构件，通常做等速转动或移动。凸轮机构通过高副接触使从动件得到人们所预期的运动规律。它广泛应用于各种场合，特别是自动机械、自动控制装置和装配生产线中。

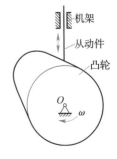

图 4-3-2　凸轮机构示意图

2. 凸轮机构的类型、特点及应用

　　凸轮机构的类型很多，凸轮机构的类型、特点和应用见表 4-3-1。

　　凸轮机构的优点是结构简单紧凑，工作可靠，设计适当的凸轮轮廓曲线可使从动件获得任意预期的运动规律；缺点是不便于润滑，易磨损。所以，凸轮机构只适用于传递动力不大的场合，如自动机械、仪表、控制机构和调节机构中。

表 4-3-1　　　　　　　　　　　　　　　凸轮机构的类型、特点和应用

分类方法	类型	图例	特点和应用
按凸轮形状分	盘形凸轮机构		盘形凸轮是一个绕固定轴线转动并具有变化半径的盘形零件。从动件在垂直于凸轮旋转轴线的平面内运动
	移动凸轮机构		移动凸轮可看作是盘形凸轮的回转中心趋于无穷远，凸轮相对机架做往复直线移动
	圆柱凸轮机构		圆柱凸轮是一个在圆柱面上开有曲线凹槽或在圆柱端面上做出曲线轮廓的构件，它可看作是将移动凸轮卷成圆柱体而成的

分类方法	类型	图例		特点和应用
		移动	摆动	
按从动件端部形状和运动形式分	尖顶从动件	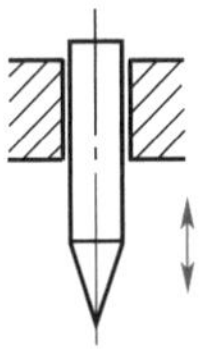	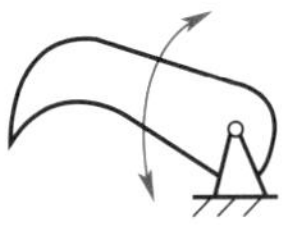	构造最简单，但易磨损，只适用于作用力不大和速度较低的场合（如用于仪表等机构中）
	滚子从动件	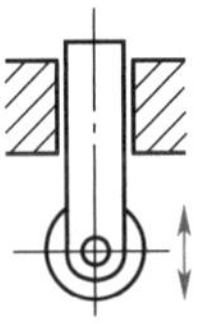	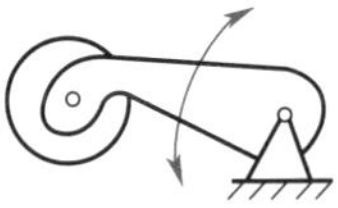	滚子与凸轮轮廓之间为滚动摩擦，磨损较小，故可用来传递较大的动力，应用较广
	平底从动件	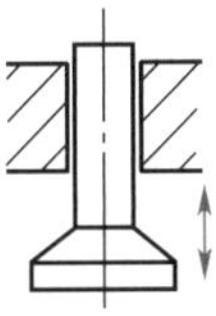	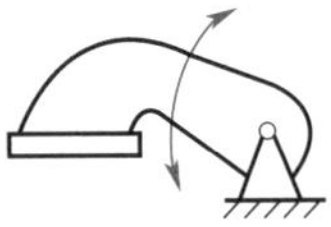	凸轮与从动件的平底接触面间易形成油膜，润滑较好，常用于高速传动中

二、凸轮机构从动件常用运动规律

凸轮机构中最常用的运动形式为凸轮做等速回转运动，从动件做往复移动。表 4-3-2 列举了最基本的对心外轮廓盘形凸轮机构的工作过程。凸轮回转时，从动件做升—停—降—停的循环运动。

表 4-3-2　　　　　　　　　　　　从动件做升—停—降—停循环运动

运动	图示	说明
升	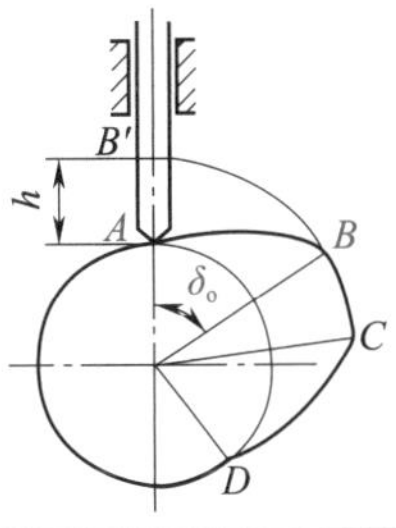	从动件位于最低位置，它的尖端与凸轮轮廓上的点 A（基圆与曲线 AB 的连接点）接触。当凸轮以等角速度 ω 逆时针转过 δ_0 时，从动件在凸轮轮廓曲线的推动下，将由 A 点位置升至 B' 点位置，即从动件由最低位置升至最高位置，从动件运动的这一过程称为推程。凸轮转角 δ_0 称为推程运动角
停	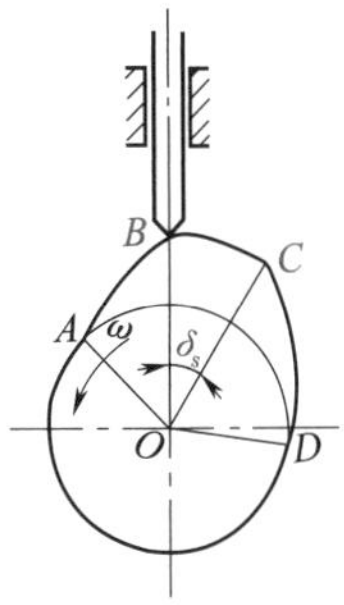	因凸轮 BC 段轮廓为圆弧，故凸轮继续转过 δ_s 时，从动件静止不动，且从动件停在最高的位置，这一过程称为远停程。凸轮转角 δ_s 称为远停程角

运动	图示	说明
降		凸轮继续转过 δ_o' 时，从动件由最高位置 C 点回到最低位置 D 点，这一过程称为回程。凸轮转角 δ_o' 称为回程运动角
停		凸轮转过 δ_s' 时，从动件与凸轮轮廓线上最小半径的圆弧 DA 接触，从动件将处于最低位置静止不动，这一过程称为近停程。凸轮转角 δ_s' 称为近停程角

以从动件的位移 s 为纵坐标，对应凸轮的转角 δ 或时间 t（凸轮匀速转动时，转角 δ 与时间 t 成正比）为横坐标，可以绘出一个工作循环周期的从动件位移曲线图。

如图 4-3-3 所示的位移曲线图反映了从动件的运动规律，通过对凸轮机构的一个运动循环的分析可知，从动件的运动规律决定凸轮的轮廓形状。常用的从动件的运动规律有等速运动规律和等加速等减速运动规律。

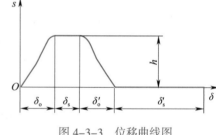

图 4-3-3　位移曲线图

1. 等速运动规律（以推程为例）

从动件上升（或下降）的速度为一常数的运动规律称为等速运动规律（图 4-3-4）。从动件做等速运动时，会使凸轮机构产生强烈的刚性冲击，因此，等速运动规律只适用于凸轮做低速回转、轻载的场合。

2. 等加速等减速运动规律（以推程为例）

从动件在行程中先做等加速运动，后做等减速运动的运动规律称为等加速等减速运动规律（图 4-3-5）。从动件做等加速等减速运动时，会使凸轮机构产生柔性冲击，这种柔性冲击虽然比刚性冲击要小得多，但也会对机器造成一定的破坏。因此，等加速等减速运动规律只适用于凸轮机构做中速回转、轻载的场合。

三、凸轮机构的压力角

从动件的受力方向（接触点的法线方向）与运动方向之间的夹角，称为凸轮机构的压力角，用 α 表示，如图 4-3-6 所示。当 F 一定时，如压力角 α 增大，有效分力 F' 就减小，而摩擦力随 F'' 的增大而增大。当压力角 α 增大到某一数值时，从动件将会发生自锁（卡死）现象。因此，为了保证从动件顺利运行，一般规定压力角的最大值必须在下列范围内：

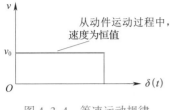

图 4-3-4　等速运动规律

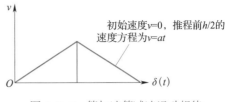

图 4-3-5　等加速等减速运动规律

（1）移动从动件在推程时 $\alpha \leqslant 30°$。

（2）摆动从动件在推程时 $\alpha \leqslant 30°$。

（3）回程时 $\alpha \leqslant 80°$。

凸轮基圆半径的大小会影响压力角，在相同的运动规律下，基圆半径越小，压力角越大。为了使凸轮机构紧凑，压力角不宜太小。

四、凸轮常用结构

凸轮的种类很多，常需根据不同的工作要求进行设计和制造，如图 4-3-7 所示为常见凸轮。

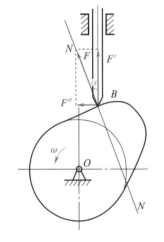

图 4-3-6　凸轮机构的压力角

图 4-3-7　常见凸轮

凸轮常用结构见表 4-3-3。

表 4-3-3　　　　　　　　　　　　　　凸轮常用结构

类型	说明	图示
凸轮轴	凸轮基圆较小时，凸轮和轴做成一体。这种凸轮结构紧凑，工作可靠	

类型	说明	图示
整体式凸轮	用于凸轮尺寸小，无特殊要求或不经常拆装（或更换）的场合	
镶块式凸轮	用于经常更换凸轮的场合	
组合式凸轮	组合式凸轮用螺栓将凸轮和轮毂连成一体，可以方便地调整凸轮与从动件起始的相对位置。用于大型低速凸轮机构	

§4-4　间歇运动机构

　　间歇运动机构是指主动件做连续运动而从动件做间歇运动的机构。这种机构多用于机械的进给、送料等装置。棘轮机构和槽轮机构都属于间歇运动机构。

一、棘轮机构

　　棘轮机构是间歇运动机构的一种形式，它将主动件的连续运动转换为从动件的间歇运动。棘轮机构的特点是结构简单，制造方便，棘轮的转角可在一定范围内调节，但工作时易产生冲击和噪声。它适用于低速、转角不大和传动平稳性要求不高的场合。棘轮机构分为齿式棘轮机构和摩擦式棘轮机构。

1. 齿式棘轮机构的组成及工作原理

　　如图 4-4-1 所示为机械中常用的齿式棘轮机构，它主要由摇杆、棘轮、棘爪、止回棘爪等组成。棘轮机构通常由曲柄摇杆机构来驱动，棘轮用键与传动轴相连接，摇杆空套在棘轮轴上。当摇杆逆时针摆动时，铰接在摇杆上的棘爪插入棘轮的齿槽内，推

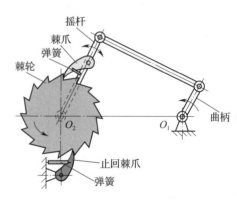

图 4-4-1　机械中常用的齿式棘轮机构

动棘轮同向转过一定角度；当摇杆顺时针摆动时，棘爪从棘轮的齿背上滑过，棘轮静止不动，止回棘爪起阻止棘轮回转的作用。这样，摇杆连续往复摆动，棘轮则间歇地做单方向转动。

2. 齿式棘轮机构的常用类型及特点

齿式棘轮有外啮合棘轮和内啮合棘轮两种。如图 4-4-1 所示为外啮合棘轮机构。常用的外啮合棘轮机构有如下几种形式。

（1）单动式棘轮机构

单动式棘轮机构如图 4-4-2 所示，该机构的特点是摇杆往复摆动一次，棘爪单方向推动棘轮间歇地转动一次。

（2）双动式棘轮机构

双动式棘轮机构如图 4-4-3 所示，该机构在工作原理上可看作是两个单动式棘轮机构轮流工作的组合，摇杆往复摆动时，两个棘爪交替地推动棘轮做间歇转动。这种机构的特点是摇杆往复摆动一次，能使棘轮沿同一方向间歇地转动两次，但每次停歇的时间较短，棘轮每次的转角也较小。

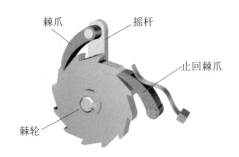

图 4-4-2　单动式棘轮机构

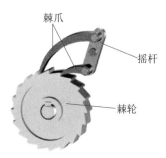

图 4-4-3　双动式棘轮机构

（3）可变向棘轮机构

可变向棘轮机构如图 4-4-4 所示，该机构的棘轮轮齿为矩形齿，棘爪做成对称形状。摇杆连续往复摆动，当棘爪处于图示左侧位置时，棘爪间歇地推动棘轮做逆时针方向转动；若将棘爪翻转到摇杆的另一侧，则棘爪间歇地推动棘轮做顺时针方向转动。这种机构的基本特点是可使从动件实现双向间歇运动。

3. 摩擦式棘轮机构简介

如图 4-4-5 所示，该机构的棘轮是一个没有齿的摩擦轮，靠棘轮与棘爪之间的摩擦力进行传动。这种机构的特点是能无级地调节棘轮转角的大小，传动平稳，噪声小；但传递能力不大，适用于轻载场合。

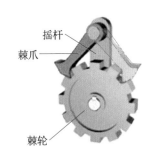

图 4-4-4　可变向棘轮机构

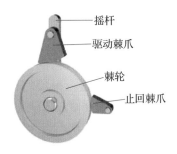

图 4-4-5　摩擦式棘轮机构

4. 棘轮机构的应用

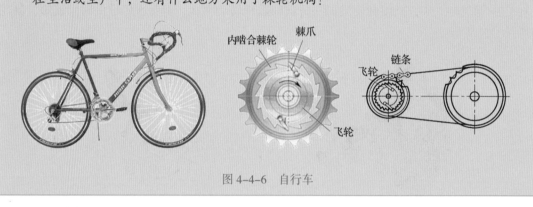
二、槽轮机构

电影放映时，虽然屏幕上画面的播放是连续的，但是放映时电影胶片的运动必须是间歇的，并使每一幅画面有足够的停留时间，这样才能得到清晰的动态影像，槽轮机构（图 4-4-7）正好满足其实现间歇运动的工作要求。

1. 槽轮机构的组成及工作原理

槽轮机构结构简单，工作可靠，机械效率高，在进入和脱离接触时运动比较平稳，能准确控制转动的角度。但是，槽轮的转角不可调节，故只能用于定转角的间歇运动机构中，如自动机床、电影机械、包装机械等。

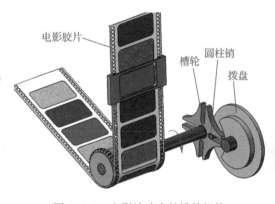

图 4-4-7 电影放映中的槽轮机构

如图 4-4-8 所示，槽轮机构由主动杆、圆柱销、槽轮等组成。主动杆做逆时针连续转动，在主动杆上的圆柱销进入槽轮的径向槽之前，槽轮的内凹锁止弧被主动杆的外凸弧卡住，不能转动；当圆柱销开始进入槽轮径向槽时，内凹锁止弧开始脱开（图 4-4-8a），圆柱销推动槽轮沿顺时针方向转动；当圆柱销开始脱出槽轮的径向槽时，槽轮上的另一内凹锁止弧又被主动杆上的外凸弧锁住（图 4-4-8b），使槽轮不能转动，直至主动杆上的圆柱销再次进入槽轮上的另一个径向槽，重复上述运动循环。

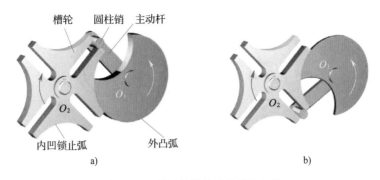

槽轮 圆柱销 主动杆

内凹锁止弧 外凸弧

a) b)

图 4-4-8　单圆柱销外啮合槽轮机构

a）圆柱销进入径向槽　b）圆柱销脱出径向槽

2. 槽轮机构的常用类型及特点

槽轮机构分为外啮合槽轮机构和内啮合槽轮机构，常见槽轮机构的类型及运动特点见表 4-4-1。

表 4-4-1　　　　　　　　　　　常见槽轮机构的类型及运动特点

类型		图例	运动特点
外啮合槽轮机构	单销		主动杆匀速转动一周，槽轮间歇地转过一个槽口，且槽轮与主动杆转向相反
	双销		主动杆匀速转动一周，槽轮间歇地转动两次，每次转过一个槽口，且槽轮与主动杆转向相反
内啮合槽轮机构			主动杆匀速转动一周，槽轮间歇地转过一个槽口，且槽轮与主动杆转向相同

3. 槽轮机构的应用

槽轮机构在机械设备中应用很广。例如，自动机床工作时，刀架的转位由预定程序来控制，而具体动作是由槽轮机构来实现的，如图 4-4-9 所示。

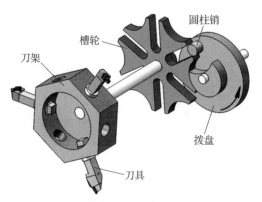

圆柱销

槽轮

刀架

拨盘

刀具

图 4-4-9　刀架转位的槽轮机构

§4-5　实训环节——生产现场观察

　　参观生产实习车间或走访相关工厂、企业，观察工业生产中所使用的机械设备，完成观察报告表格的填写。

一、了解企业

填写表 4-5-1。

表 4-5-1　　　　　　　　　　　　企业名称和主要产品

企业名称	企业主要产品	参观车间

二、车间设备观察与学习

填写表 4-5-2。

表 4-5-2　　　　　　　　　　　　设备名称、介绍和组成机构

设备	名称	介绍	组成机构

设备	名称	介绍	组成机构
总结			

第5章

机 械 传 动

§5-1 带传动

一、带传动概述

观察思考

观察台钻（图5-1-1）钻孔时的工作情景（或播放相关视频），试着说明它的传动路线。如果从台钻的铭牌了解到电动机转速为 1 400 r/min，台钻主轴转速又分 450 r/min、800 r/min、1 400 r/min、2 500 r/min、4 000 r/min 五级，想一想：

电动机是如何驱动台钻主轴的？

台钻主轴转速与电动机转速之间存在怎样的关系？

图 5-1-1 台钻

1. 带传动的工作原理

带传动一般由固连于主动轴上的带轮（主动轮）、固连于从动轴上的带轮（从动轮）和紧套在两轮上的挠性带组成，如图 5-1-2 所示。

带传动以张紧在至少两个轮上的带作为中间挠性件，靠带与带轮接触面间产生的摩擦力（啮合力）来传递运动和动力。

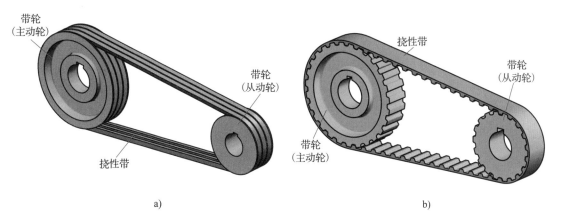

a)   b)

图 5-1-2　带传动的组成

a）摩擦型带传动　b）啮合型带传动

2. 带传动的类型、特点及应用（表5-1-1）

表 5-1-1 　　　　　　　　　　　　带传动的类型、特点及应用

类型		图示	特点	应用
摩擦型带传动	平带传动		结构简单，带轮制造方便；平带质轻且挠性好	常用于高速、中心距较大、平行轴的交叉传动与相错轴的半交叉传动中
	V带传动		承载能力强，是平带传动的三倍，使用寿命较长	一般机械常用V带传动
啮合型带传动	同步带传动		传动比准确，传动平稳，传动精度高，结构较复杂	常用于数控机床、纺织机械等传动精度要求较高的场合

3. 带传动的传动比 i

机构中瞬时输入角速度与瞬时输出角速度的比值称为机构的传动比。因为带传动存在弹性滑动，所以传动比不是恒定的。在不考虑传动中的弹性滑动时，带传动的传动比只能用平均传动比来表示，其值为主动轮转速 n_1 与从动轮转速 n_2 之比，用公式表示为

$$i_{12} = \frac{n_1}{n_2} = \frac{d_2}{d_1}$$

式中　n_1、n_2——主、从动轮的转速，r/min；

　　　d_1、d_2——主、从动轮的直径，mm。

二、V 带传动

V 带传动是由一条或数条 V 带和 V 带轮组成的摩擦传动。V 带安装在相应的轮槽内，仅与轮槽的两侧面接触，而不与槽底接触。

1. V 带

V 带是一种无接头的环形带，其横截面为等腰梯形，工作面是与轮槽相接触的两侧面，带与轮槽底面不接触，其结构如图 5-1-3 所示。

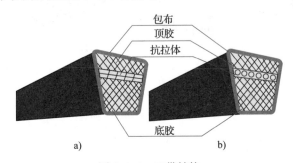

图 5-1-3 V 带结构

a）帘布芯结构 b）绳芯结构

楔角 α（带的两侧面所夹的锐角）为 40°，相对高度（T/W_p）为 0.7 的梯形截面环形带称为普通 V 带，其横截面如图 5-1-4 所示。

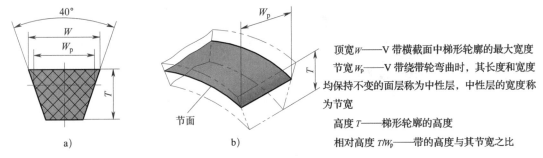

顶宽 W——V 带横截面中梯形轮廓的最大宽度

节宽 W_p——V 带绕带轮弯曲时，其长度和宽度均保持不变的面层称为中性层，中性层的宽度称为节宽

高度 T——梯形轮廓的高度

相对高度 T/W_p——带的高度与其节宽之比

图 5-1-4 普通 V 带横截面

普通 V 带已经标准化，按横截面尺寸由小到大分为 Y、Z、A、B、C、D、E 七种型号，其横截面尺寸见表 5-1-2。

表 5-1-2　　　　　　　　普通 V 带的横截面尺寸（摘自 GB/T 13575.1—2022）　　　　　　mm

型号	Y	Z	A	B	C	D	E
节宽 W_p	5.3	8.5	11.0	14.0	19.0	27.0	32.0
顶宽 W	6.0	10.0	13.0	17.0	22.0	32.0	38.0
高度 T	4.0	6.0	8.0	11.0	14.0	19.0	23.0

基准长度（L_d）是指在规定的张紧力下，沿 V 带中性层量得的周长，又称为公称长度。它主要用于带传动的几何尺寸计算和 V 带标记，其值已标准化，普通 V 带基准长度系列见表 5-1-3。

表 5-1-3　　　　普通 V 带基准长度系列（摘自 GB/T 13575.1—2022）　　　　mm

| 型号 | | | | | | | 型号 | | | |
Y	Z	A	B	C	D	E	A	B	C	D
200	405	630	930	1 565	2 740	4 660	1 940	2 700	5 380	10 700
224	475	700	1 000	1 760	3 100	5 040	2 050	2 870	6 100	12 200
250	530	790	1 100	1 950	3 330	5 420	2 200	3 200	6 815	13 700
280	625	890	1 210	2 195	3 730	6 100	2 300	3 600	7 600	15 200
315	700	990	1 370	2 420	4 080	6 850	2 480	4 060	9 100	—
355	780	1 100	1 560	2 715	4 620	7 650	2 700	4 430	10 700	—
400	920	1 250	1 760	2 880	5 400	9 150	—	4 820	—	—
450	1 080	1 430	1 950	3 080	6 100	12 230	—	5 370	—	—
500	1 330	1 550	2 180	3 520	6 840	13 750	—	6 070	—	—
—	1 420	1 640	2 300	4 060	7 620	15 280	—	—	—	—
—	1 540	1 750	2 500	4 600	9 140	16 800	—	—	—	—

普通 V 带的标记由型号、基准长度和标准编号三部分组成。普通 V 带的标记示例如下：

A 1430　GB/T 1171
————标准编号
————基准长度
————型号

2. V 带轮

V 带轮的常用结构有实心式、腹板式、孔板式、轮辐式四种，如图 5-1-5 所示。一般来说，带轮基准直径较小时可采用实心式 V 带轮，带轮基准直径大于 300 mm 时可采用轮辐式 V 带轮。

3. V 带传动参数的选用

V 带传动的类型主要有普通 V 带传动和窄 V 带传动，其中，普通 V 带传动的应用更为广泛。普通 V 带传动参数的选用见表 5-1-4。

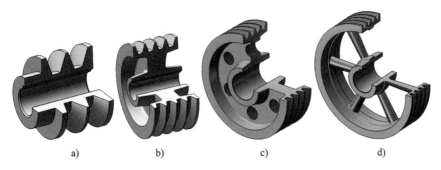

图 5-1-5　V 带轮的常用结构
a）实心式　b）腹板式　c）孔板式　d）轮辐式

表 5–1–4　　　　　　　　　　　　　　　普通 V 带传动参数的选用

参数	说明	选用原则
带的型号	普通 V 带按横截面尺寸由小到大分为 Y、Z、A、B、C、D、E 七种型号，在相同的条件下，横截面尺寸越大则传动功率越大	根据传动功率和小带轮转速选取
带轮的基准直径（d_d）	带轮的基准直径 d_d 指的是带轮上与所配用 V 带的节宽 b_p 相对应处的直径，如下图所示 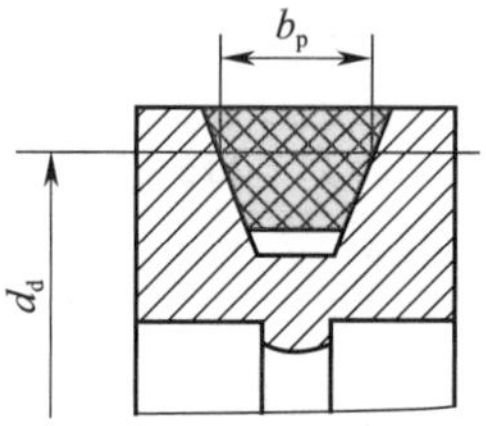 带轮基准直径 d_d 是带传动的主要设计参数之一，d_d 的数值已标准化，应按国家标准选用标准系列值。在带传动中，带轮基准直径越小，传动时带在带轮上的弯曲变形越严重，V 带的弯曲应力越大，从而会降低带的使用寿命	为了延长传动带的使用寿命，对各型号的普通 V 带轮都规定了最小基准直径 d_{dmin}
V 带传动的传动比（i）	对于 V 带传动，如果不考虑 V 带与 V 带轮间打滑因素的影响，其传动比计算公式可近似用主、从动轮的基准直径来表示：$$i_{12} = \frac{n_1}{n_2} = \frac{d_{d2}}{d_{d1}}$$ 式中　d_{d1}、d_{d2}——主、从动轮的基准直径，mm 　　　　n_1、n_2——主、从动轮的转速，r/min	通常，V 带传动的传动比 $i \leqslant 7$，常用 2~7
中心距（a）	中心距是两带轮中心连线的长度。两带轮中心距越大，带传动能力越强；但中心距过大，又会使整个装置不够紧凑，在高速传动时易使带发生振动，反而使带传动能力下降 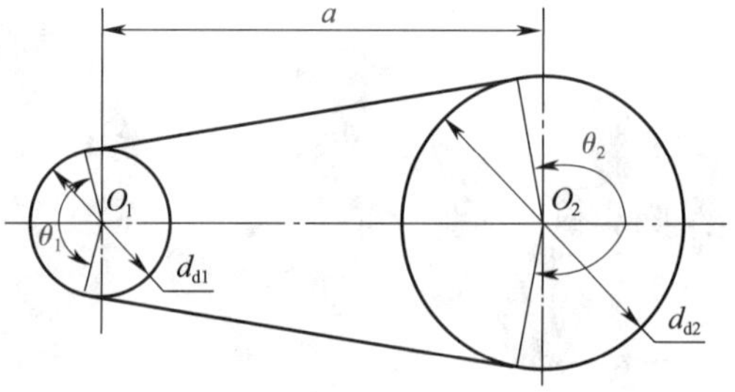 θ_1—小带轮包角　θ_2—大带轮包角　a—中心距 d_{d1}—小带轮基准直径　d_{d2}—大带轮基准直径	两带轮中心距一般为两带轮基准直径之和（$d_{d1}+d_{d2}$）的 0.7~2 倍

参数	说明	选用原则
小带轮的包角（θ_1）	包角是带与带轮接触弧所对应的圆心角。包角的大小反映了带与带轮轮缘表面间接触弧的长短。两带轮中心距越大，小带轮包角 θ_1 也越大，带与带轮的接触弧也越长，能传递的功率就越大；反之，所能传递的功率就越小 小带轮包角的计算公式为 $$\theta_1 \approx 180° - \left(\frac{d_{d2}-d_{d1}}{a}\right) \times 57.3°$$	为了使 V 带传动可靠，一般要求小带轮的包角 $\theta_1 \geqslant 120°$
带速（v）	带速 v 过高或过低都不利于带的传动。带速太低时，传动尺寸大而不经济；带速太高时，离心力又会使带与带轮间的压紧程度减小，传动能力降低	一般取 $5 \sim 25$ m/s
V 带的根数（Z）	V 带的根数影响到带的传动能力。根数多，传动功率大，所以 V 带传动中所需 V 带的根数应按具体传递功率大小而定，但为了使各 V 带受力比较均匀，V 带的根数不宜过多	通常 V 带的根数 Z 应小于 7

4. 影响带传动工作能力的因素

（1）初拉力

带以一定的初拉力 F_0 紧套在两带轮上，F_0 越大，传动能力也越大，且不容易打滑。但当 F_0 过大时，会使轴和轴承所受压力过大，从而使带的使用寿命缩短。因此，初拉力 F_0 的大小要适当。

（2）带的型号

带传动工作能力是随带的型号而变化的。带的截面积越大，传动能力也越强。因此，需根据传动情况正确选择带的型号。

（3）带的速度

当传动功率一定时，如果带速过低，则传递的圆周力增大，带容易打滑；带速过高时，带的离心力将增大，会降低带与带轮之间的正压力，从而减小摩擦力，降低带的传动能力。

（4）小带轮的包角

小带轮的包角越小，小带轮上带与带轮的接触弧就越短，接触面间所产生的摩擦力也就越小。因此，从工作能力的角度考虑，小带轮的包角大一些比较好。

（5）小带轮的基准直径

小带轮的基准直径越小，带弯曲变形越厉害，弯曲应力也越大，故小带轮的基准直径不能过小。

（6）中心距

中心距取大些有利于增大小带轮的包角，但会使结构不紧凑，且易引起带的颤动，从而降低带传动的工作能力；中心距过小会使带的应力循环次数增加，易使带产生疲劳破坏，同时会使小带轮的包角变小，从而影响带传动的工作能力。

（7）带的根数

带的根数越多，所能承受的载荷也越大，即传动能力也越强，同时不易产生打滑。但带的根数不宜过多，否则会使传动结构尺寸偏大。

三、普通 V 带传动的安装、维护及张紧装置

1. 普通 V 带传动的安装与维护

（1）安装 V 带时，应先将中心距缩小，再将带套入，然后慢慢地调整到合适的张紧程度。能用拇指将带按下 15 mm 左右，则 V 带的张紧程度合适，如图 5-1-6 所示。

（2）安装 V 带轮时，两带轮的轴线应相互平行，两带轮轮槽的对称平面应重合，其偏角误差应小于 20′，如图 5-1-7 所示。

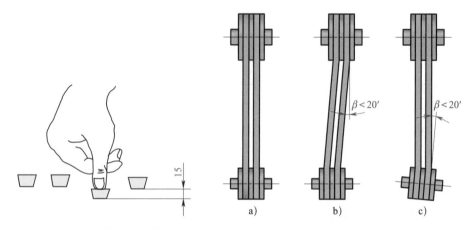

图 5-1-6　V 带的张紧程度

图 5-1-7　V 带轮的安装位置
a）理想位置　b）、c）允许位置

（3）V 带在轮槽中应有正确的位置，V 带顶面应与带轮外缘表面平齐或比其略高一些，底面与轮槽底面间应有一定间隙，以保证带的两侧面和轮槽的工作面全部贴合，如图 5-1-8 所示。

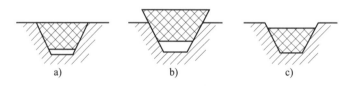

图 5-1-8　V 带在轮槽中的位置
a）正确　b）、c）错误

（4）在 V 带使用过程中应定期进行检查且及时更换。若发现一组带中个别 V 带有疲劳撕裂（裂纹）等现象，应及时更换所有 V 带。不同型号、不同新旧的 V 带不能同组使用。

（5）为了保证安全生产和 V 带清洁，应给 V 带传动装置加防护罩，如图 5-1-9 所示。这样可以避免 V 带接触酸、碱、油等有腐蚀作用的介质及日光暴晒。

2. 普通 V 带传动的张紧装置

在安装 V 带传动装置时，带是以一定的拉力紧套

防护罩

图 5-1-9　V 带传动装置加防护罩

在带轮上的，经过一定时间的运转后带会产生变形，带传动的工作能力便要下降。因此，需要定期检查与重新张紧 V 带，以保持必需的张紧力，保证带传动具有足够的工作能力。V 带传动的张紧方法见表 5-1-5。

表 5-1-5　　　　　　　　　　　　　　V 带传动的张紧方法

张紧方法	结构简图	应用
调整中心距		适用于两轴线水平或倾斜角度不大的传动
		适用于两轴线垂直或接近垂直的传动
		靠电动机及摆架的重力使电动机绕销轴摆动，实现自动张紧

张紧方法	结构简图	应用
张紧轮	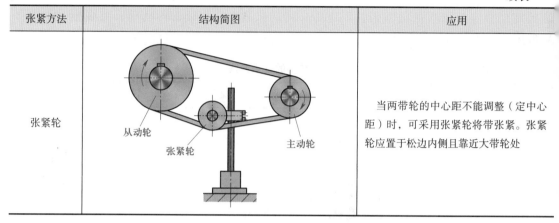 从动轮　张紧轮　主动轮	当两带轮的中心距不能调整（定中心距）时，可采用张紧轮将带张紧。张紧轮应置于松边内侧且靠近大带轮处

四、新型带传动的应用

随着工业技术水平的不断提高以及对机械设备精密化、轻量化、功能化和个性化的要求，带传动不断向高精度、高速度、大功率、高效率、高可靠性、长使用寿命、低噪声、低振动、低成本和紧凑化方向发展，其应用范围越来越广，传动形式越来越多。

作为带传动中的主体部件，传动带也由原来的易损件向功能件方向转变，其品种规格向多样化方向发展，由传统的普通包布 V 带和普通平带发展出了窄 V 带、宽 V 带、广角带、联组 V 带、切边 V 带、多楔带、同步带和片基带等。这些传动带已广泛应用于汽车、机械、纺织、家电、轻工、农机等各个领域，在国民经济和人民日常生活中发挥着越来越重要的作用。

1. 同步带传动在汽车上的应用

同步带传动是一种啮合传动，依靠带内周的等距横向齿与带轮相应齿槽间的啮合传递运动和动力，兼有带传动和齿轮传动的特点。同步带传动的带与带轮无相对滑动，能保证准确的传动比，主要用于要求传动比准确的中、小功率传动中，如计算机、录音机、数控机床、汽车等。

如图 5-1-10 所示为同步带传动在汽车发动机气门正时系统中的应用。

图 5-1-10　同步带传动在汽车发动机气门正时系统中的应用

2. 新型带传动技术在石油行业中的应用

石油开采所使用的游梁抽油机（俗称"磕头机"），主要利用电动机带轮与传动带之间的简单摩擦力带动机器运转。传动带打滑、丢转、传动效率低等问题曾成为全世界石油行业和传动带制造业难以突破的技术瓶颈。

2009 年，一项将啮合传动与摩擦传动有机结合的新型带传动技术被应用于石油开采

"磕头机"中，如图 5-1-11 所示。该技术在保留摩擦传动的同时，利用全新设计的啮合齿有效避免传动带打滑情况的发生，不仅解决了常规传动带遇水打滑、传动效率低的问题，而且通过材质改良，大大延长了传动带的使用寿命，减少了石油开采中的原材料损耗。

图 5-1-11　新型带传动技术在石油开采"磕头机"中的应用

§5-2　实训环节——台钻速度的调节

一、实训任务

台钻的运动是靠 V 带进行传动的，本次实训的主要任务是调节台钻的速度。通过对台钻速度的调节及对 V 带的张紧，了解 V 带传动的运动传递特点、台钻的速度调节方法以及 V 带张紧的方法。

二、任务准备

1. 工具准备

锤子（图 5-2-1）、旋具。

2. 知识准备

台钻的五级转速如图 5-2-2 所示，1 级转速最高，5 级转速最低。台钻在使用时需

图 5-2-1　锤子

1级
2级
3级
4级
5级

图 5-2-2　台钻的五级转速

根据加工孔直径及工件材料的不同对速度进行调整，调速的方法是使 V 带与不同直径的带轮进行连接。

三、任务实施

1. 台钻速度的调节

因为电动机所带的塔轮为主动轮，与主轴相连的带轮为从动轮，所以在由高往低调整台钻速度时，应使主动轮的直径变小，从动轮的直径变大；而由低往高调整台钻速度时，应使主动轮的直径变大，从动轮的直径变小。台钻速度由高往低调整的方法如下：

（1）调整时，应当先调整主动轮上的传动带。用左手抓住从动轮使其固定，右手在主动轮上用拇指往下按住带 	（2）右手拇指按住带后，左手转动从动轮，带动主动轮按图中箭头所示的方向转动 
（3）带轮的转动使主动轮的带自动滑下 	（4）调整从动轮。调整时先用左手抓紧钻夹头，固定住主轴，再用右手拇指向下按住带 
（5）右手拇指按住带，左手转动主轴，转动方向如箭头方向所示 	（6）带在从动轮带动下自动滑入下级 

台钻转速由低往高调整的方法与之相似，但要先往上调整从动轮，再向上调整主动轮。

2. V 带的张紧

V 带装好后，需要检查带的松紧程度是否合适，如果不合适则需要对带轮的中心距进行调整或者调整张紧轮。台钻是通过调节两带轮的中心距来张紧 V 带的，具体方法如下：

（1）台钻速度选好后，用手按带，如果感觉带明显没有张力，如下图所示，就需要调节两带轮中心距 	（2）调整台钻 V 带的张紧力时，应移动电动机。在移动前，先松开电动机止定一侧的止定螺钉，然后松开另一侧的止定螺钉  
（3）用锤子敲击电动机安装块。敲击时，为了防止损伤安装块需垫一块木块，或用铜棒敲击。先敲击一侧的安装块 	（4）再敲击另一侧的安装块 
（5）当用手按带能明显感到张紧感时，表明 V 带已张紧。一般以能按下去 10 ~ 15 mm 为适当 	（6）拧紧两侧的止定螺钉，装上安全罩 

四、学生反馈表（表 5-2-1）

表 5-2-1　　　　　　　　　　　　　学生反馈表

序号	内容	答案（总结）
1	对台钻的速度进行调整，并调整 V 带张紧力，写出调整步骤	
2	观察 V 带及带轮槽的磨损情况，确定 V 带的工作面	
3	找一条废旧带切开，观察带的断面，说出它的组成	

§5-3　链传动

一、链传动概述

链传动是指通过链条将主动链轮的运动和动力传递到从动链轮的传动形式。自行车采用的就是链传动，观察自行车的传动系统，想一想链传动有什么特点？变速自行车是如何实现变速功能的？

1. 链传动的工作原理

链传动机构（图 5-3-1）是由主动链轮、链条（图 5-3-2）、从动链轮组成的。链轮（图 5-3-3）上制有特殊齿形的轮齿，通过链轮轮齿与链条的啮合来传递运动和动力。

图 5-3-1　链传动机构

图 5-3-2　链条

图 5-3-3　链轮

2. 链条的类型、特点和应用（表 5-3-1）

表 5-3-1　　　　　　　　　　　　　　　　链条的类型、特点和应用

类型		图示	特点	应用
传动链	滚子链	外链板　内链板 销轴　套筒　滚子 内链板　外链板	结构简单，磨损较轻	适用于一般机械的链传动
	齿形链	齿链板 齿形链　导板 从动链轮 主动链轮	传动平稳性好、传动速度高、噪声较小、承受冲击性能较好，但结构复杂、装拆困难、质量较大、易磨损、成本较高	适用于高速、低噪声、运动精度要求较高的传动装置
输送链			形式多样，布置灵活，工作速度一般不大于 4 m/s	用于输送工件、物品和材料，可直接用于各种机械上，也可以组成链式输送机作为一个单元出现
起重链			结构简单，承载能力强，工作速度低，专用	主要用于传递力，起牵引、悬挂物品的作用，兼做缓慢运动

3. 链传动的传动比

设在某链传动中，主动链轮的齿数为 z_1，从动链轮的齿数为 z_2，主动链轮每转过一个齿，链条移动一个链节，从动链轮被链条带动转过一个齿。当主动链轮的转速为 n_1、从动链轮的转速为 n_2 时，单位时间内主动链轮转过的齿数 n_1z_1 与从动链轮转过的齿数 n_2z_2 相等，即

$$n_1z_1=n_2z_2 \quad 或 \quad \frac{n_1}{n_2}=\frac{z_2}{z_1}$$

主动链轮的转速 n_1 与从动链轮的转速 n_2 之比，称为链传动的传动比，表达式为

$$i_{12}=\frac{n_1}{n_2}=\frac{z_2}{z_1}$$

式中　i_{12}——传动比；

　　　n_1、n_2——主、从动链轮的转速，r/min；

　　　z_1、z_2——主、从动链轮的齿数。

一般链传动的传动比 $i \leqslant 8$，低速传动时 i 可达 10；两轴中心距 a 可达 6 m；传动功率 $P<100$ kW；链条速度 $v \leqslant 15$ m/s，高速时可达 20 ~ 40 m/s。

4. 链传动参数的选用

（1）节距

链条的相邻两销轴轴线之间的距离称为节距，用 P 表示。节距越大，链传动各部分尺寸越大，传动能力越强；但其传动的平稳性越差，冲击、振动和噪声也越严重。因此，采用链传动时，在满足传动功率的前提下，应选用较小节距的单排链。在高速传动时，可选小节距多排链。

（2）链轮齿数

链轮的齿数对传动的平稳性和使用寿命都有很大影响。齿数选得越少，传动越不平稳，冲击、振动越剧烈。链轮齿数太多，除使传动尺寸增大外，还会因链条磨损严重而导致节距变大，易引起脱链。

（3）传动比

由于链轮的齿数是有限制的，链条受链轮上的包角不能太小及传动尺寸不能太大等条件的制约，故链传动的传动比 $i \leqslant 8$，最好为 2 ~ 3.5。

（4）链速

为了防止链传动因链速变化而产生过大的冲击、振动和噪声，必须对链速加以限制，通常滚子链的链速应小于 12 m/s。

（5）中心距

在链速不变的情况下，中心距过小会使链节在单位时间里承受载荷的次数增多，加剧疲劳和磨损，同时小轮的包角减小，受力的齿数也减少，使轮齿受力增大；反之，若中心距过大，链条由于自重而产生的垂度增加，致使松边易发生过大的上下颤动，会增加传动的不平稳性。一般取 $a=$（30 ~ 50）P（P 为链条的节距）。

（6）节数

当链条节数为偶数时，可采用可拆卸的外链板连接，接头处用开口销或弹簧卡片固定。当链条节数为奇数时，需用过渡链节。由于过渡链节的链板工作时会受到附加的弯矩作用，故链条节数应尽量取偶数，以避免使用过渡链节。

二、链传动的安装与维护

1. 链传动的安装

在链传动的安装过程中，应注意以下几个方面：

（1）两链轮的转动平面应在同一个平面内，两轴线必须平行，否则会加剧链轮和链的磨损，降低传动平稳性，增加噪声。

（2）链轮在轴上必须保证周向和轴向固定，最好水平布置，否则易引起脱链和产生不正常磨损。如果需要倾斜布置，链传动应使紧边在上，松边在下，以使链节和链轮轮齿可以顺利啮合，必要时可采用张紧装置。

（3）套筒滚子链的接头形式有开口销固定和弹簧卡片固定两种。这两种形式都在链条节数为偶数时使用。链传动中应尽量使用偶数节数，避免使用过渡链节，否则会增加装配难度，降低传动能力。

2. 链传动的维护

链条在使用过程中会因磨损而逐渐伸长，为防止松边垂度过大而引起啮合不良、松边抖动和跳齿等现象，应张紧链条。

在链传动的使用中应合理地确定润滑方式和润滑剂种类。良好的润滑可减少磨损，缓和冲击，提高承载能力，延长使用寿命等。

§5-4 螺旋传动

观察思考

观察图 5-4-1a 所示管子台虎钳，钳口的上下移动采用的是什么传动方式？

a)   b)

图 5-4-1 管子台虎钳和千分尺

a）管子台虎钳 b）千分尺

管子台虎钳钳口的上下移动采用的是螺旋传动，除管子台虎钳外，千分尺（图 5-4-1b）等也采用螺旋传动。

螺旋传动是利用螺杆（丝杆）和螺母组成的螺旋副来实现传动的。螺旋传动具有结构简单，工作连续、平稳，承载能力强，传动精度高等优点，广泛应用于各种机械和仪器中。但螺旋传动磨损大、传动效率低。滚珠螺旋传动的应用使螺旋传动磨损大、传动效率低的缺点得到了很大程度的改善。

螺旋传动的常见形式有普通螺旋传动、差动螺旋传动和滚珠螺旋传动等。

一、普通螺旋传动

由螺杆和螺母组成的简单螺旋副所实现的传动称为普通螺旋传动。

1. 普通螺旋传动的形式

普通螺旋传动的形式可以分为单动螺旋传动和双动螺旋传动两类。

（1）单动螺旋传动

单动螺旋传动是指螺杆或螺母有一件不动，另一件既旋转又移动的普通螺旋传动。单动螺旋传动有两种运动形式，其中一种形式是螺母不动，螺杆旋转并做直线运动；另一种形式是螺杆不动，螺母旋转并做直线运动。单动螺旋传动的运动形式见表5-4-1。

表 5-4-1　　　　　　　　　　　　　单动螺旋传动的运动形式

运动形式	应用实例	工作过程
螺母固定不动，螺杆旋转并做直线运动	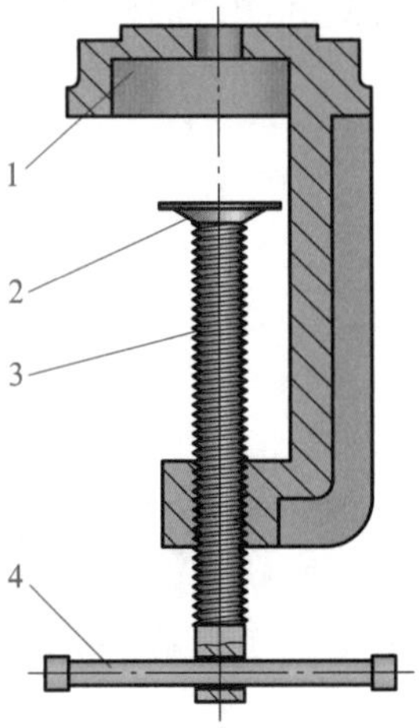 台虎钳底座夹紧装置 1—固定座　2—压紧盘　3—螺杆　4—手柄	当螺杆做旋转运动时，螺杆连同其上的压紧盘向上运动，将台虎钳固定在桌面上；或向下运动，以便将台虎钳从桌面上拆下
螺杆固定不动，螺母旋转并做直线运动	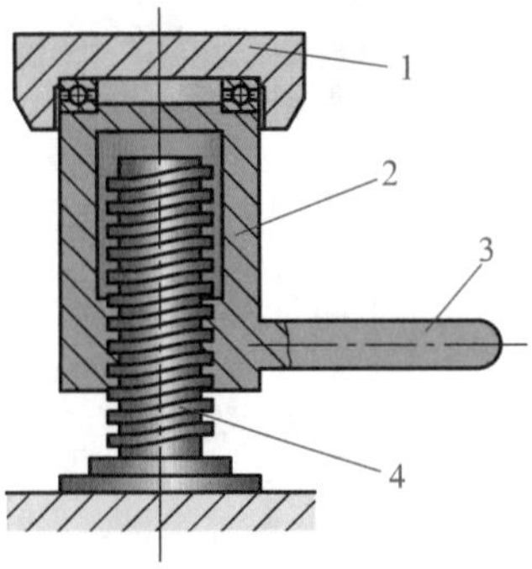 螺旋千斤顶 1—托盘　2—螺母　3—手柄　4—螺杆	螺杆连接在底座上固定不动，转动手柄使螺母旋转，并做上升或下降的直线运动，从而举起或放下托盘

（2）双动螺旋传动

双动螺旋传动是指螺杆和螺母都做运动的普通螺旋传动。双动螺旋传动有两种运动形式，其中一种形式是螺杆原位旋转，螺母做直线运动；另一种形式是螺母原位旋转，螺杆做直线运动。双动螺旋传动的运动形式见表5-4-2。

表 5-4-2　　　　　　　　　　双动螺旋传动的运动形式

运动形式	应用实例	工作过程
螺杆原位旋转，螺母做直线运动	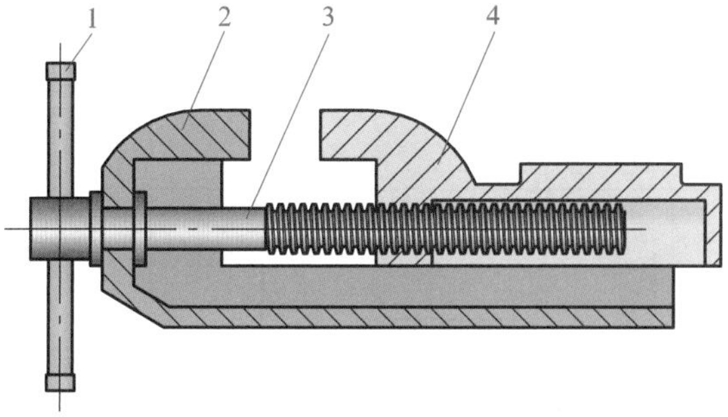 台虎钳夹紧工件机构 1—手柄　2—固定钳身　3—螺杆　4—活动钳身（螺母）	转动手柄时，螺杆与手柄一起旋转，使活动钳身（螺母）左右移动，从而实现工件的夹紧和松开
螺母原位旋转，螺杆做直线运动	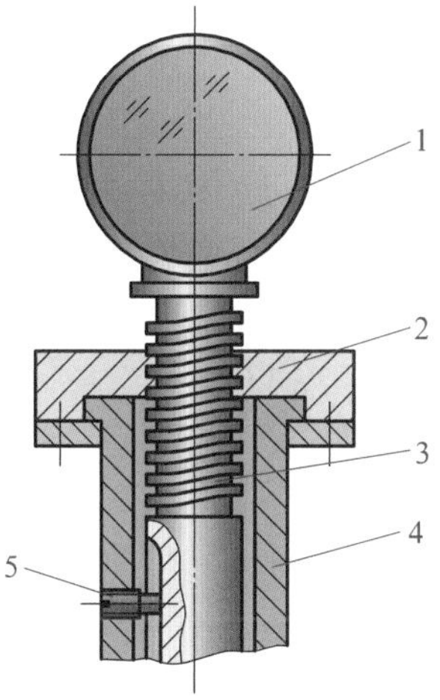 观察镜螺旋调整装置 1—观察镜　2—螺母　3—螺杆　4—机架　5—定位螺钉	螺母做旋转运动时，螺杆带动观察镜向上或向下移动，从而实现对观察镜的上下调整

2. 普通螺旋传动直线移动方向的判定

普通螺旋传动中，从动件直线移动方向不仅与螺纹的回转方向有关，还与螺纹的旋向有关，其判定方法见表5-4-3。

表 5-4-3　　　　　　　　普通螺旋传动中螺杆（或螺母）移动方向的判定

应用形式	应用实例	移动方向的判定
螺母（或螺杆）不动，螺杆（或螺母）回转并直线移动	活动钳口　螺杆　　固定钳口　螺母 台虎钳	右旋螺纹用右手，左旋螺纹用左手。手握空拳，四指指向与螺杆（或螺母）回转方向相同，则拇指指向即为螺母（或螺杆）的移动方向
螺杆（或螺母）回转，螺母（或螺杆）直线移动	床鞍 螺杆　　开合螺母 车床螺旋丝杠	右旋螺纹用右手，左旋螺纹用左手。手握空拳，四指指向与螺杆（或螺母）回转方向相同，则拇指指向的相反方向即为螺母（或螺杆）的移动方向

3. 普通螺旋传动直线移动距离的计算

普通螺旋传动中，螺杆（螺母）相对于螺母（螺杆）每回转一圈，螺杆（螺母）就移动一个导程的距离。因此，螺杆（螺母）移动距离 L 等于回转圈数 N 与导程 P_h 的乘积，有

$$L=NP_h$$

式中　L——螺杆（螺母）移动距离，mm；

N——回转圈数；

P_h——螺纹导程，mm。

【例 5-4-1】　如图 5-4-2 所示，普通螺旋传动中，已知左旋双线螺杆的螺距为 8 mm，若螺杆按图示方向回转 2 圈，螺母移动距离为多少？方向如何？

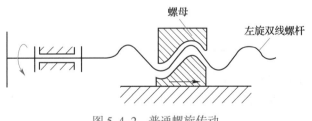

图 5-4-2　普通螺旋传动

解：

普通螺旋传动螺母移动距离 $L=NP_h=NPZ=2\times 8\times 2$ mm$=32$ mm。

螺母的移动方向按表 5-4-3 进行判定，即螺杆回转，螺母移动，左旋螺杆用左手确定方向，四指指向与螺杆回转方向相同，拇指指向的相反方向为螺母的移动方向。因此，螺母的移动方向向右。

二、差动螺旋传动

1. 差动螺旋传动的原理

由两个螺旋副组成的，使活动螺母与螺杆产生差动（即不一致）的螺旋传动称为差动螺旋传动。差动螺旋传动的原理示意图如图 5-4-3 所示。

2. 差动螺旋传动活动螺母移动距离的计算及移动方向的确定

差动螺旋传动活动螺母移动距离的计算及移动方向的确定见表 5-4-4。

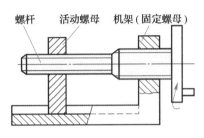

图 5-4-3　差动螺旋传动的原理示意图

表 5-4-4　　　　　　　差动螺旋传动活动螺母移动距离的计算及移动方向的确定

类别	传动的形式	活动螺母移动距离的计算	活动螺母移动方向的确定	应用实例
旋向相同的差动螺旋传动	螺杆上两段螺纹（固定螺母与活动螺母）旋向相同	$L=N(P_{h1}-P_{h2})$ 式中 L——活动螺母移动距离，mm N——回转圈数 P_{h1}——固定螺母导程，mm P_{h2}——活动螺母导程，mm	（1）当 L 的计算结果为正值时，活动螺母实际移动方向与螺杆移动方向相同 （2）当 L 的计算结果为负值时，活动螺母实际移动方向与螺杆移动方向相反 （3）螺杆移动方向的判定同普通螺旋传动	a) b) 微调镗刀头 旋向相同的差动螺旋传动中，活动螺母可以产生极小的位移，因此可以方便地实现微量调节

类别	传动的形式	活动螺母移动距离的计算	活动螺母移动方向的确定	应用实例
旋向相反的差动螺旋传动	螺杆上两段螺纹旋向相反	$L=N（P_{h1}-P_{h2}）$ 式中 L——活动螺母移动距离，mm N——回转圈数 P_{h1}——左活动螺母导程，mm P_{h2}——右活动螺母导程，mm	（1）活动螺母实际移动方向与螺杆移动方向相同 （2）螺杆移动方向的判定同普通螺旋传动	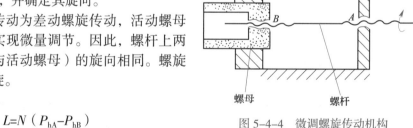 a) b) 铣床快速夹紧装置 旋向相反的差动螺旋传动中，两活动螺母之间可以产生很大的相对位移，因此，可以用于需快速移动或需调整两对称构件相对位置的装置中

【例 5-4-2】 如图 5-4-4 所示微调螺旋传动机构中，通过螺杆的转动可使螺母左、右微调。设螺旋副 A 的导程 P_{hA} 为 1 mm，右旋。要求螺杆按图示方向转动一周，螺母向左移动 0.2 mm，求螺旋副 B 的导程 P_{hB}，并确定其旋向。

分析：该螺旋传动为差动螺旋传动，活动螺母产生极小的位移，实现微量调节。因此，螺杆上两段螺纹（固定螺母与活动螺母）的旋向相同。螺旋副 B 的旋向也是右旋。

解：

由　　　　　　　$L=N（P_{hA}-P_{hB}）$

即　　　　　　　0.2 mm=1 ×（1 mm-P_{hB}）

得　　　　　　　P_{hB}=0.8 mm

图 5-4-4　微调螺旋传动机构

根据表 5-4-4 中移动方向的判定方法，可以确定螺旋副 B 的旋向为右旋，被调螺母向左移动，符合题目的要求。

三、滚珠螺旋传动

滚珠螺旋传动中，在螺杆与螺母的螺纹滚道间有滚动体。滚珠螺旋传动主要由滚珠、螺杆、螺母及滚珠循环装置组成，如图 5-4-5 所示。当螺杆或螺母转动时，滚动体在螺纹滚道内滚动，螺杆和螺母间为滚动摩擦，提高了传动效率和传动精度。

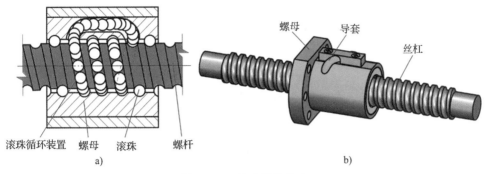

图 5-4-5　滚珠螺旋传动
a）结构图　b）实物图

滚珠丝杠副是在丝杠和螺母之间以滚珠为滚动体的螺旋传动元件。它是一种精密、高效率、高刚度、高寿命且节能、省电的先进传动元件，可将电动机的旋转运动转化为工作台的直线运动，因此广泛应用在机械制造特别是数控机床上，为设备的高效、高速化提供了良好的条件，其在数控机床中的应用如图 5-4-6 所示。

与滑动丝杠副相比，滚珠丝杠副有很多优点：滚动摩擦阻力小，摩擦损失小；传动效率高，运动灵敏度高；传动平稳；磨损小，寿命长；可消除轴向间隙，提高轴向刚度等。但是，其结构复杂，外形尺寸较大，制造技术要求高，因此成本较高。

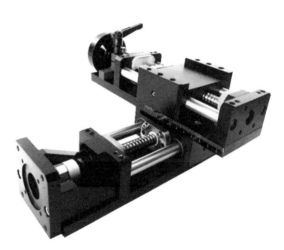

图 5-4-6　滚珠丝杠副在数控机床中的应用

§5-5　齿轮传动

一、齿轮传动的类型、应用及特点

观察思考

齿轮传动是利用齿轮副来传递运动和动力的一种机械传动。齿轮副的一对齿轮的轮齿依次交替地接触，从而实现一定规律的相对运动的过程和形态称为啮合。齿轮传动属于啮合传动。

如图 5-5-1 所示为减速器中的齿轮传动。动力从轴 1 输入，经过小齿轮和大齿轮的啮合传动之后，从轴 2 输出。观察并思考，图示齿轮传动有何特点？工作中，轴 1 和轴 2 的转速有怎样的关系？

图 5-5-1　减速器中的齿轮传动

1. 齿轮传动的常用类型及其应用（表 5-5-1）

表 5-5-1　　　　　　　　　　　齿轮传动的常用类型及其应用

分类方法		类型	图例	应用
两轴平行	按轮齿方向分	直齿圆柱齿轮传动		适用于圆周速度较低的传动，尤其适用于变速箱的换挡齿轮
		斜齿圆柱齿轮传动		适用于圆周速度较高、载荷较大且要求结构紧凑的场合
		人字齿圆柱齿轮传动		适用于载荷大且要求传动平稳的场合
	按啮合情况分	外啮合齿轮传动		适用于圆周速度较低的传动，尤其适用于变速箱的换挡齿轮

分类方法		类型	图例	应用
两轴平行	按啮合情况分	内啮合齿轮传动		适用于结构要求紧凑且效率较高的场合
		齿轮齿条传动		适用于将连续转动变换为往复移动的场合
两轴不平行	相交轴齿轮传动	锥齿轮传动	直齿	适用于圆周速度较低、载荷小而稳定的场合
			曲线齿	适用于承载能力大、传动平稳、噪声小的场合
	交错轴齿轮传动	交错轴斜齿轮传动		适用于圆周速度较低、载荷小的场合
		蜗杆传动		适用于传动比较大，且要求结构紧凑的场合

2. 齿轮传动的优、缺点

（1）优点

1）能保证瞬时传动比恒定，工作可靠性高，传递运动准确。这是齿轮传动获得广泛应用的最主要原因。

2）传递功率和圆周速度范围较宽，传递功率可高达 $5 \times 10^4 \, \text{kW}$，圆周速度可以达到 $300 \, \text{m/s}$。

3）结构紧凑，可实现较大的传动比。

4）传动效率高，使用寿命长。

5）维护简便。

（2）缺点

1）运转过程中有振动、冲击和噪声。

2）对齿轮的安装精度要求较高。

3）不能实现无级变速。

4）不适宜用在中心距较大的场合。

3. 齿轮传动的传动比

在某齿轮传动中，主动轮的齿数为 z_1，从动轮的齿数为 z_2，主动轮每转过一个齿，从动轮也转过一个齿。当主动轮的转速为 n_1、从动轮的转速为 n_2 时，单位时间内主动轮转过的齿数 $n_1 z_1$ 与从动轮转过的齿数 $n_2 z_2$ 应相等，即 $n_1 z_1 = n_2 z_2$。由此可得齿轮传动的传动比为

$$i_{12} = \frac{n_1}{n_2} = \frac{z_2}{z_1}$$

式中　　n_1、n_2——主、从动轮的转速，r/min；

　　　　z_1、z_2——主、从动轮的齿数。

上式说明：齿轮传动的传动比是主动轮转速与从动轮转速之比，也等于两个齿轮齿数之反比。

二、渐开线齿廓

1. 对齿轮齿廓曲线的基本要求

齿轮传动对齿廓曲线的基本要求：一是传动平稳，二是承载能力强。

2. 渐开线的形成及性质

如图 5-5-2 所示，在一个平面上，一条动直线 AB 沿着一个固定的圆做纯滚动，动直线 AB 上任一点 K 的运动轨迹 $\overset{\frown}{CK}$ 称为该圆的渐开线。该圆称为渐开线的基圆，其半径用 r_b 表示。直线 AB 称为渐开线的发生线。

以同一个基圆上产生的两条反向渐开线为齿廓的齿轮就是渐开线齿轮，如图 5-5-3 所示。渐开线齿廓具有以下性质：

（1）发生线在基圆上滚过的线段 $\overline{NK}$ 的长度等于基圆上被滚过的圆弧 $\overset{\frown}{NC}$ 的弧长。

（2）渐开线上任意一点的法线必相切于基圆，发生线是渐开线在 K 点的法线。

（3）渐开线的形状取决于基圆的大小。基圆相同，则渐开线形状完全相同。基圆越小，渐开线越弯曲；基圆越大，渐开线越平直；当基圆半径趋于无穷大时，渐开线变成直线，这种直线型的渐开线就是齿条齿廓线，如图 5-5-4 所示。

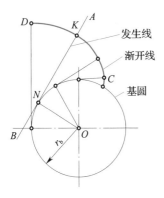

图 5-5-2　渐开线的形成

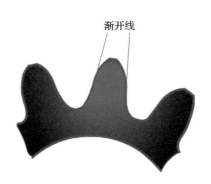

图 5-5-3　渐开线齿轮

（4）渐开线上各点的曲率半径不相等。K 点离基圆越远，其曲率半径 NK 也越大，渐开线越平直；反之，则曲率半径越小，渐开线越弯曲。

（5）渐开线上各点的齿形角（压力角）不等，如图 5-5-5 所示。离基圆越远，齿形角越大，基圆上的齿形角（压力角）为零。齿形角越小，齿轮传动越省力。因此，通常采用基圆附近的一段渐开线作为齿轮的齿廓线。

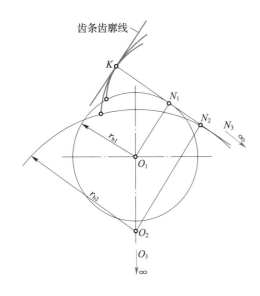

图 5-5-4　基圆半径不等的渐开线

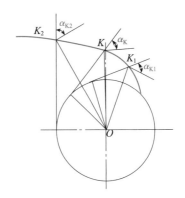

图 5-5-5　渐开线上各点的齿形角
（压力角）不等

（6）渐开线的起始点在基圆上，基圆内无渐开线。

3. 渐开线齿轮啮合特性

如图 5-5-6a 所示为一对啮合的渐开线齿轮。设某一瞬间两轮齿廓在 K 点接触啮合，则 K 点称为啮合点。经某一瞬时后，啮合点 K 移到 K'。根据渐开线的形成及其性质可知，无论两渐开线齿廓在任何位置接触（啮合），过啮合点所作的两齿廓的公法线就是两齿轮基圆的内公切线 N_1N_2。因此，渐开线齿廓的啮合点 K 始终沿着 N_1N_2 移动，即 N_1N_2 是啮合点 K

的运动轨迹，称为啮合线。啮合线与两齿轮回转中心的连线 O_1O_2 相交于 C 点，C 点称为节点。分别以 O_1、O_2 为圆心，过节点 C 所作的两个相切的圆称为节圆。过节点 C 作两节圆的公切线 t—t，其与啮合线 N_1N_2 所夹的锐角 α' 称为啮合角。

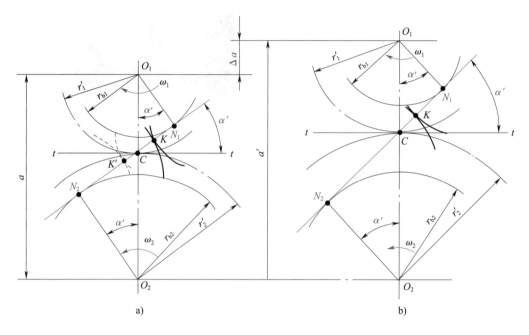

图 5-5-6　一对啮合的渐开线齿轮
a）中心距为 a　b）中心距为 $a'(=a+\Delta a)$

渐开线齿廓啮合有以下特性：

（1）能保持瞬时传动比的恒定。瞬时传动比是指主动轮角速度 ω_1 与从动轮角速度 ω_2 之比。对于渐开线齿轮传动来说，瞬时传动比也等于主动轮和从动轮基圆半径的反比。因为两啮合齿轮的基圆半径是定值，所以渐开线齿轮传动的传动比能保持恒定。

（2）具有传动的可分离性。当一对渐开线齿轮制成之后，其基圆半径是不会改变的。即使两个齿轮的中心距稍有改变（图 5-5-6b），其瞬时传动比仍保持原值不变，这种性质称为渐开线齿轮传动的可分离性。实际上，制造、安装误差或轴承磨损常导致两个齿轮的中心距有微小改变。但由于其具有传动可分离性，故仍能保持良好的传动性能。

三、渐开线标准直齿圆柱齿轮的基本参数和几何尺寸计算

1. 渐开线标准直齿圆柱齿轮各部分的名称

如图 5-5-7 所示为渐开线标准直齿圆柱齿轮各部分的名称，其主要几何要素的名称、定义、代号及说明见表 5-5-2。

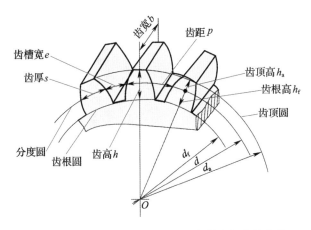

图 5-5-7　渐开线标准直齿圆柱齿轮各部分的名称

表 5-5-2　渐开线标准直齿圆柱齿轮的主要几何要素的名称、定义、代号及说明

名称	定义	代号及说明
齿顶圆	通过轮齿顶部的圆	齿顶圆直径用 d_a 表示
齿根圆	通过轮齿根部的圆	齿根圆直径用 d_f 表示
分度圆	齿轮上具有标准模数和标准齿形角的圆	对于标准齿轮，分度圆上的齿厚与齿槽宽相等。分度圆上的尺寸和符号不加脚注。分度圆直径用 d 表示
齿厚	在端面（垂直于齿轮轴线的平面）上，一个齿的两侧齿廓之间的分度圆弧长	齿厚用 s 表示
齿槽宽	在端面上，一个齿槽的两侧齿廓之间的分度圆弧长	齿槽宽用 e 表示
齿宽	齿轮的有齿部分沿分度圆柱面的母线方向量取的宽度	齿宽用 b 表示
齿距	两个相邻且同侧的齿廓之间的分度圆弧长	齿距用 p 表示
齿顶高	齿顶圆与分度圆之间的径向距离	齿顶高用 h_a 表示
齿根高	齿根圆与分度圆之间的径向距离	齿根高用 h_f 表示
齿高	齿顶圆与齿根圆之间的径向距离	齿高用 h 表示

2. 渐开线标准直齿圆柱齿轮的基本参数

（1）齿形角（α）

就单个齿轮而言，在端面上，过端面齿廓上任意一点的径向直线与齿廓在该点的切线所夹的锐角，称为该点的齿形角，用 α 表示。如图 5-5-8 所示，K 点的齿形角为 α_K。渐开线齿廓上各点的齿形角不相等，K 点离基圆越远，齿形角越大，基圆上的齿形角 $\alpha=0°$。

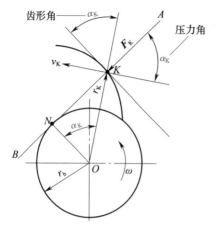

图 5-5-8　齿轮轮齿的齿形角

国家标准规定渐开线标准直齿圆柱齿轮分度圆上的齿形角 $\alpha=20°$。

（2）齿数（z）

一个齿轮的轮齿总数。

（3）模数（m）

齿距 p 除以圆周率 π 所得的商称为模数，即 $m=p/\pi$，单位为 mm。为了便于齿轮的设计和制造，模数已经标准化。国家标准规定的标准模数值见表 5-5-3。

表 5-5-3　　　　　　　　标准模数值（GB/T 1357—2008）　　　　　　　　mm

第I系列	1	1.25	1.5	2	2.5	3	4	5	6
	8	10	12	16	20	25	32	40	50
第II系列	1.125	1.375	1.75	2.25	2.75	3.5	4.5	5.5	（6.5）
	7	9	11	14	18	22	28	36	45

注：①表中模数对于斜齿圆柱齿轮是指法向模数。
　　②选取时，优先采用第I系列法向模数。括号内的法向模数尽可能不用。

模数是齿轮几何尺寸计算时的一个基本参数。齿数相等的齿轮，模数越大，齿轮尺寸就越大，轮齿也越大，承载能力越大；分度圆直径相等的齿轮，模数越大，承载能力也越强，如图 5-5-9 所示。

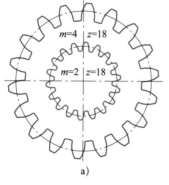

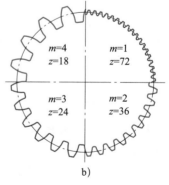

图 5-5-9　模数与轮齿大小的关系

a）齿数相等　b）分度圆直径相等

（4）齿顶高系数（h_a^*）

为使齿轮的齿形匀称，齿顶高和齿根高与模数成正比。对于标准齿轮，规定 $h_a=h_a^* m$，h_a^* 称为齿顶高系数。国家标准规定：正常齿制齿轮的齿顶高系数 $h_a^*=1$。

（5）顶隙系数（c^*）

当一对齿轮啮合时，为使一个齿轮的齿顶面不与另一个齿轮的齿槽底面相抵触，轮齿的齿根高应大于齿顶高，即应留有一定的径向间隙，称为顶隙，用 c 表示，如图 5-5-10 所示。对于标准齿轮，规定 $c=c^* m$，c^* 称为顶隙系数。国家标准规定：正常齿制齿轮的顶隙系数 $c^*=0.25$。

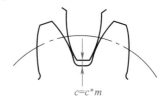

图 5-5-10　一对齿轮啮合时的顶隙

提示

具有以下特征的齿轮称为标准齿轮：

（1）具有标准模数和标准压力角。

（2）分度圆上的齿厚和齿槽宽相等，即 $s=e=\pi m/2$。

（3）具有标准的齿顶高和齿根高，即 $h_a=h_a^* m$，$h_f=(h_a^*+c^*)m$。

不具备上述特征的齿轮称为非标准齿轮。

---

3. 外啮合标准直齿圆柱齿轮的几何尺寸计算

外啮合标准直齿圆柱齿轮的几何尺寸与模数有一定的关系，计算公式见表 5-5-4。

表 5-5-4　　　　　　　　　外啮合标准直齿圆柱齿轮的几何尺寸计算公式

名称	代号	计算公式
齿形角	α	标准齿轮为20°
齿数	z	通过传动比计算确定
模数	m	通过计算或结构设计确定
齿厚	s	$s=p/2=\pi m/2$
齿槽宽	e	$e=p/2=\pi m/2$
齿距	p	$p=\pi m$
基圆齿距	p_b	$p_b=p\cos\alpha=\pi m\cos\alpha$
齿顶高	h_a	$h_a=h_a^* m=m$
齿根高	h_f	$h_f=(h_a^*+c^*)m=1.25m$
齿高	h	$h=h_a+h_f=2.25m$
分度圆直径	d	$d=mz$
齿顶圆直径	d_a	$d_a=d+2h_a=m(z+2)$
齿根圆直径	d_f	$d_f=d-2h_f=m(z-2.5)$
基圆直径	d_b	$d_b=d\cos\alpha$
标准中心距	a	$a=(d_1+d_2)/2=m(z_1+z_2)/2$（外啮合）

【例 5-5-1】 一对外啮合的标准直齿圆柱齿轮，齿数 $z_1=20$，$z_2=32$，模数 $m=10$ mm。试计算其分度圆直径（d）、齿顶圆直径（d_a）、齿根圆直径（d_f）、齿厚（s）、基圆直径（d_b）和中心距（a）。

解：

计算结果见表 5-5-5。

表 5-5-5 计算结果

名称	代号	应用公式	小齿轮 /mm	大齿轮 /mm
分度圆直径	d	$d=mz$	$d_1=10 \times 20=200$	$d_2=10 \times 32=320$
齿顶圆直径	d_a	$d_a=m(z+2)$	$d_{a1}=10 \times (20+2)=220$	$d_{a2}=10 \times (32+2)=340$
齿根圆直径	d_f	$d_f=m(z-2.5)$	$d_{f1}=10 \times (20-2.5)=175$	$d_{f2}=10 \times (32-2.5)=295$
齿厚	s	$s=\pi m/2$	$s_1=10\pi/2 \approx 15.7$	$s_2=10\pi/2 \approx 15.7$
基圆直径	d_b	$d_b=d\cos\alpha$	$d_{b1}=200 \times \cos20° \approx 188$	$d_{b2}=320 \times \cos20° \approx 301$
中心距	a	$a=m(z_1+z_2)/2$	$a=10 \times (20+32)/2=260$	

四、渐开线直齿圆柱齿轮传动的正确啮合条件和连续传动条件

1. 正确啮合条件

为保证渐开线直齿圆柱齿轮传动中各对轮齿能依次正确啮合，避免因齿廓局部重叠或侧隙过大而引起卡死或冲击现象，必须使两齿轮的基圆齿距相等（图 5-5-11），即 $p_{b1}=p_{b2}$，则：

（1）两齿轮的模数必须相等，即 $m_1=m_2=m$。

（2）两齿轮分度圆上的齿形角相等，即 $\alpha_1=\alpha_2=\alpha$。

2. 连续传动条件

为了保证齿轮传动的连续性，必须在前一对轮齿尚未结束啮合时，后一对轮齿就已经进入啮合状态。

如图 5-5-12 所示，主动轮推动从动轮回转时，每一对轮齿从 B_1 点开始啮合，传动过程中啮合点沿着啮合线 N_1N_2 移动，到 B_2 点啮合终止；而当前一对轮齿回转到啮合点 K 时，后一对轮齿已在 B_1 点开始啮合，因此在 KB_2 段啮合线处两对轮齿同时处于啮合状态，从而保证了传动的连续性。

*五、渐开线齿轮切齿原理

1. 成形法

成形法是用渐开线齿形的成形铣刀直接切出齿形的方法。常用的刀具有盘形铣刀（图 5-5-13a）和指形铣刀（图 5-5-13b）两种。加工时，铣刀绕本身轴线旋转，同时轮坯沿齿轮轴线方向直线移动。铣出一个齿槽以后，将轮坯转过 360°/z 再铣第二个齿槽，其余以此类推。

成形法加工齿轮方法简单，无须专用机床，但生产率低，精度差，且齿轮主要参数（模数、齿数等）的任何一个发生改变都要更换刀具，故仅适用于单件生产及精度要求不高的齿轮加工。

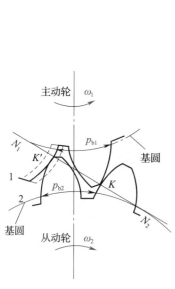

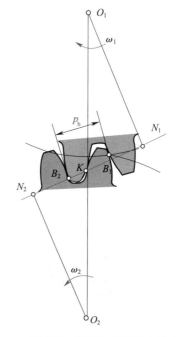

图 5-5-11　渐开线直齿圆柱齿轮的正确啮合条件　　图 5-5-12　渐开线直齿圆柱齿轮的连续传动条件

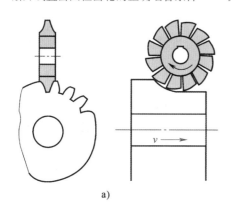

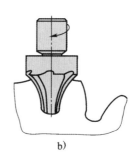

a)　　　　　　　　　　　　b)

图 5-5-13　成形铣刀铣齿轮

a）盘形铣刀铣齿轮　b）指形铣刀铣齿轮

2. 范成法

范成法是利用一对齿轮（或齿轮与齿条）啮合时其共轭齿廓互为包络线的原理来切齿的。如果把其中一个齿轮（或齿条）做成刀具，就可以切出与它共轭的渐开线齿廓。用范成法切齿的常用刀具有齿轮插刀、齿条插刀和齿轮滚刀。

（1）齿轮插刀

刀具顶部比正常齿高出 c^*m，以便切出顶隙部分。如图 5-5-14 所示，插齿时，齿轮插刀沿轮坯轴线方向做往复切削运动，同时强迫齿轮插刀与轮坯模仿一对齿轮啮合过程，以一定的传动比转动，直至全部齿槽切削完毕。因齿轮插刀的齿廓是渐开线，所以插制的齿轮齿廓也是渐开线。根据正确啮合条件，被切齿轮的模数和压力角必定与齿轮插刀的模数和压力角相等，故用同一把齿轮插刀切出的齿轮都能正确啮合。

（2）齿条插刀

齿条插刀加工齿轮如图 5-5-15 所示，用齿条插刀切齿是模仿齿轮齿条的啮合过程，把刀具做成齿条状。齿条的齿廓为一条直线，不论是在中线（齿厚与齿槽宽相等的直线）上，还是在与中线平行的其他任一直线上，它们都具有相同的齿距 p（πm）、相同的模数 m 和相同的压力角 α（20°）。对于齿条插刀，α 也称为刀具角。

 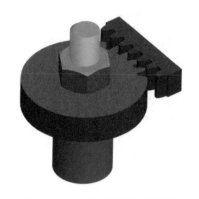

图 5-5-14　齿轮插刀加工齿轮　　　　　　图 5-5-15　齿条插刀加工齿轮

在切制标准齿轮时，应令轮坯径向进给至刀具中线，且刀具中线与轮坯分度圆相切，并保持纯滚动。这样切成的齿轮，其分度圆齿厚与分度圆齿槽宽相等，且模数和压力角与刀具的模数和压力角分别相等。

（3）齿轮滚刀（图 5-5-16a）

齿轮插刀和齿条插刀都只能间断地切削，生产率较低。目前广泛采用的齿轮滚刀能连续切削，生产率较高。齿轮滚刀的形状很像螺旋形，滚齿时，它的齿廓在水平工作台面上的投影为一根齿条。齿轮滚刀转动时，该投影齿条沿其中线方向移动，这样便按范成原理切出轮坯的渐开线齿廓。加工过程如图 5-5-16b 所示，齿轮滚刀除旋转外，还沿轮坯的轴向逐渐移动，以便切出整个齿宽。滚切直齿轮时，为了使刀齿螺旋线方向与被切齿轮方向一致，在安装齿轮滚刀时需使其轴线与轮坯端面成滚刀升角。

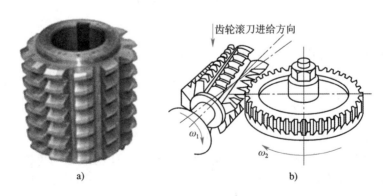

图 5-5-16　齿轮滚刀加工齿轮

a）实物图　b）加工过程

*六、根切、最小齿数和变位齿轮

1. 根切

在模数和传动比一定的情况下，小齿轮的齿数 z_1 越小，大齿轮齿数 z_2 以及齿数和（z_1+z_2）也越小，齿轮传动机构的中心距、尺寸和质量也就越小。因此，设计时希望把 z_1 取得尽可能小，但是对于渐开线标准齿轮，其最小齿数是有限制的。

用范成法加工标准齿轮时，若被加工齿轮的齿数过小，刀具就会将轮坯齿廓齿根部分的渐开线切去一部分，这个现象称为根切，如图 5-5-17 所示。根切使齿根薄弱，根切严重时还会使重合度减小，故应避免。

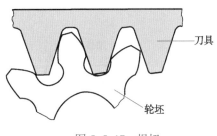

图 5-5-17 根切

2. 最小齿数

标准齿轮是否发生根切取决于其齿数。因此，标准齿轮欲避免根切，其齿数 z 必须大于或等于不根切的最小齿数 z_{min}。

对于 $\alpha=20°$ 和 $h_a^*=1$ 的正常标准渐开线齿轮，当用齿条刀具加工时，其最小齿数 $z_{min}=17$；若允许略有根切，正常标准渐开线齿轮的实际最小齿数可取 14。

3. 变位齿轮

标准齿轮存在着以下不足：

（1）标准齿轮的齿数必须大于或等于最小齿数 z_{min}，否则会发生根切。

（2）标准齿轮的中心距不能够按实际要求的中心距调整，限制了其在要求结构紧凑（如变速箱、减速器等）的场合使用。

（3）一对相互啮合的标准齿轮，小齿轮的抗弯强度比大齿轮差，这使得大、小齿轮的强度无法进行均衡和调整。

变位齿轮的出现，正是为了弥补标准齿轮的上述不足。

用范成法切制标准齿轮时，刀具的中线 NN 与被加工齿轮（轮坯）的分度圆相切（图 5-5-18a），这样加工出来的齿轮分度圆上的齿厚与齿槽宽相等。如果将齿轮滚刀离开轮坯中心一段距离 $+xm$（x 称为变位系数），如图 5-5-18b 所示，或向轮坯中心移近一段距离 $-xm$，如图 5-5-18c 所示，这时刀具的中线 NN 就不再与轮坯的分度圆相切。这种由于改变了刀具与轮坯的相对位置而切制出的齿轮，称为变位齿轮。

七、其他齿轮传动简介

1. 斜齿圆柱齿轮传动

（1）斜齿圆柱齿轮的形成

在前面讨论渐开线直齿圆柱齿轮时，只考虑垂直于轴线端面的情形。因为齿轮有一定的宽度，所以直齿圆柱齿轮的齿廓应该是发生面在基圆柱上做纯滚动时，平行于基圆柱母线 CC 的线段所形成的一个渐开曲面，称为渐开面，如图 5-5-19 所示。

斜齿圆柱齿轮齿廓的形成原理与直齿圆柱齿轮齿廓的形成原理基本相同。

如图 5-5-20 所示，发生面上的线段 BB 不平行于基圆柱的直母线 CC，而是形成一定角度 β_b。当发生面沿基圆柱做纯滚动时，线段 BB 形成的一个螺旋形的渐开线曲面，称为渐开线螺旋面。β_b 称为基圆柱上的螺旋角。

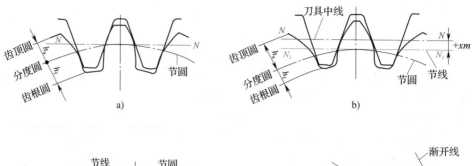

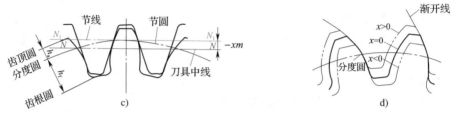

图 5-5-18 变位齿轮的加工原理及其齿形

a）切制标准齿轮　b）切制正变位齿轮　c）切制负变位齿轮　d）变位齿轮齿形

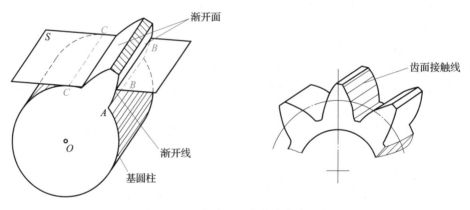

图 5-5-19 直齿圆柱齿轮齿廓的形成

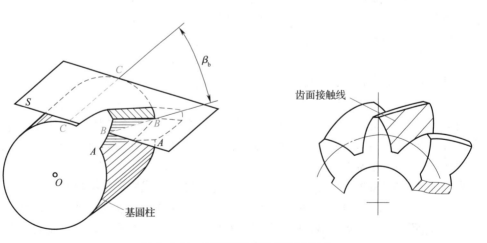

图 5-5-20 斜齿圆柱齿轮齿廓的形成

（2）斜齿圆柱齿轮传动的啮合性能

1）两轮齿由一端面进入啮合，齿面接触线先由短变长，再由长变短，到另一端面脱离啮合。斜齿圆柱齿轮啮合的重合度大，轮齿承载能力强，可用于大功率传动。

2）轮齿上的载荷逐渐增加、逐渐减小，承载和卸载平稳，冲击、振动和噪声小。

3）由于轮齿倾斜，传动中会产生轴向力。

因此，斜齿圆柱齿轮在高速、大功率传动中应用十分广泛。

（3）斜齿圆柱齿轮主要参数和几何尺寸

由于斜齿圆柱齿轮轮齿的齿面是螺旋面，因此需要讨论其端面和法面两种情形。

端面是指垂直于齿轮轴线的平面，用 t 做标记。法面是指与轮齿齿线垂直的平面，用 n 做标记，如图 5-5-21 所示。

斜齿圆柱齿轮螺旋角 β 是指螺旋线与轴线的夹角。斜齿圆柱齿轮各个圆柱面的螺旋角不同，平时所说的螺旋角均指分度圆的螺旋角，用 β 表示。β 角越大，轮齿倾斜程度越大，因而传动平稳性越好，但轴向力也越大，所以一般取 $\beta=8° \sim 30°$，常用 $\beta=8° \sim 15°$。

斜齿圆柱齿轮轮齿的螺旋方向可分为左旋和右旋。其判别方法为：将齿轮轴线竖直放置，轮齿自左至右上升者为右旋，反之为左旋，如图 5-5-22 所示。

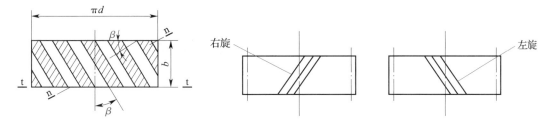

图 5-5-21　斜齿圆柱齿轮的端面和法面　　　　图 5-5-22　斜齿圆柱齿轮轮齿螺旋方向的判别

（4）斜齿圆柱齿轮的正确啮合条件

一对外啮合斜齿圆柱齿轮用于平行轴传动时的正确啮合条件为：

1）两齿轮法向模数（法向齿距 p_n 除以圆周率 π 所得的商）相等，即 $m_{n1}=m_{n2}=m$。

2）两齿轮法向压力角（法面内端面齿廓与分度圆交点处的压力角）相等，即 $\alpha_{n1}=\alpha_{n2}=\alpha$。

3）两齿轮螺旋角相等，旋向相反，即 $\beta_1=-\beta_2$。

2. 直齿锥齿轮传动

锥齿轮的轮齿分布在圆锥面上，有直齿、斜齿和曲线齿三种形式。其中，直齿锥齿轮传动应用最广，如图 5-5-23 所示。

直齿锥齿轮应用于两轴相交时的传动，两轴间的交角可以是任意的，在实际应用中多采用两轴互相垂直的形式传动。

因为锥齿轮的轮齿分布在圆锥面上，所以轮齿的尺寸沿着齿宽方向变化，大端轮齿的尺寸大，小端轮齿的尺寸小。为了便于测量，并使测量时的相对误差缩小，规定以大端的参数作为标准参数。

为保证正确啮合，直齿锥齿轮传动应满足下面的条件：

（1）两齿轮的大端端面模数（端面齿距 p_t 除以圆周率 π 所得的商）相等，即 $m_1=m_2=m$。

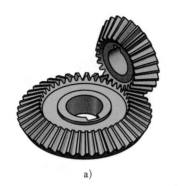
a)

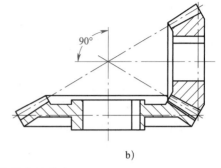
b)

图 5-5-23 直齿锥齿轮传动

（2）两齿轮的压力角相等，即 $\alpha_1 = \alpha_2 = \alpha$。

3. 齿轮齿条传动

齿轮齿条传动是齿轮传动的一种特殊组合方式。齿条就像一个被拉直了舒展开来的直齿轮。如图 5-5-24 所示为齿轮齿条传动实例。

（1）齿条

当齿轮的圆心位于无穷远处时，齿轮上各圆的直径趋向无穷大，齿轮上的基圆、分度圆、齿顶圆等各圆成为基线、分度线、齿顶线等互相平行的直线，渐开线齿廓也变成直线齿廓，齿轮即演化成为齿条，如图 5-5-25 所示。齿条分为直齿条和斜齿条。与齿轮相比较，齿条的主要特点是：

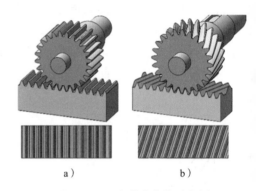
a)　　　　　　　b)

图 5-5-24　齿轮齿条传动实例
a）直齿　b）斜齿

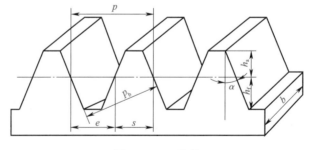

图 5-5-25　齿条

1）由于齿条的齿廓是直线，所以齿廓上各点的法线相互平行。传动时，齿条做直线运动，且速度大小和方向均一致。齿条齿廓上各点的齿形角均相等，且等于齿廓直线的倾斜角，标准值 $\alpha = 20°$。

2）由于齿条上各齿的同侧齿廓互相平行，因此无论是在分度线（即基本齿廓的基准线）、齿顶线上，还是在与分度线平行的其他直线上，齿距均相等，模数为同一标准值。因为齿条分度线上齿厚和齿槽宽相等，所以齿条分度线是确定齿条各部分尺寸的基准线。

（2）齿轮齿条传动规律

齿轮的转动可以带动齿条直线移动，齿条的直线移动也可以带动齿轮转动。齿轮齿条传动的主要目的是将齿轮的回转运动转变为齿条的直线往复运动，或将齿条的直线往复运动转变为齿轮的回转运动，如图 5-5-26 所示。

齿条的移动速度可用下式计算：

$$v=n_1\pi d_1=n_1\pi m z_1$$

式中 v——齿条的移动速度，mm/min；

      n_1——齿轮的转速，r/min；

      d_1——齿轮分度圆直径，mm；

      m——齿轮的模数，mm；

      z_1——齿轮的齿数。

齿轮每回转一周时，齿条移动的距离为

$$L=\pi d_1=\pi m z_1$$

式中 L——齿条移动的距离，mm。

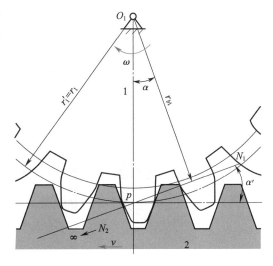

图 5-5-26 齿轮齿条传动

八、齿轮的失效形式

齿轮传动过程中，若轮齿发生折断、齿面损坏等现象，齿轮就失去了正常的工作能力，称为失效。齿轮传动的失效主要是轮齿的失效。常见的失效形式有齿面点蚀、齿面磨损、齿面胶合、齿面塑性变形和轮齿折断等。齿轮失效形式及其产生原因和避免方法见表 5-5-6。

表 5-5-6 齿轮失效形式及其产生原因和避免方法

失效形式	图示	产生原因	避免方法
齿面点蚀	齿面点蚀	由于弹性变形，齿轮传动时实际上是很小的面接触，表面会产生很大的接触应力。接触应力按一定的规律变化，当变化次数超过某一限度时，轮齿表面会产生细微的疲劳裂纹，裂纹逐渐扩展，使表层上小块金属脱落，形成麻点和斑坑。发生齿面点蚀后，轮齿工作面被损坏，造成传动的不平稳和产生噪声	应合理选用齿轮参数，选择合适的材料及齿面硬度，减小表面粗糙度值，选用黏度高的润滑油并采用适当的添加剂
齿面磨损	齿面磨损	齿轮传动过程中，接触的两齿面产生一定的相对滑动，使齿面发生磨损。当磨损速度符合规定的设计值，磨损量在界限内时，视为正常磨损。当齿面磨损严重时，渐开线轮廓就会损坏，从而引起传动不平稳和冲击。齿面磨损是开式齿轮传动的主要失效形式之一	提高齿面硬度，减小表面粗糙度值，采用合适的材料组合，改善润滑条件和工作条件（如采用闭式齿轮传动）等

失效形式	图示	产生原因	避免方法
齿面胶合	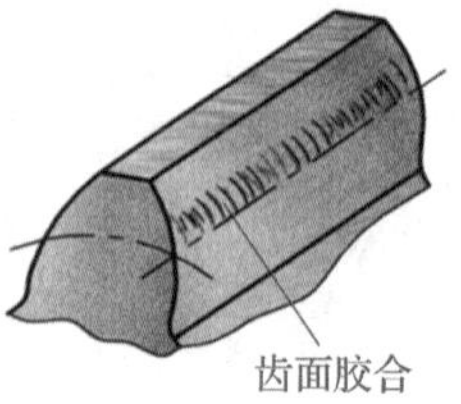  齿面胶合	在较大压力作用下，齿轮轮齿齿面上的润滑油会被挤走，两齿面金属直接接触，产生局部高温，致使两齿面发生粘连。随着齿面的相对滑动，较软轮齿的表面金属会被熔焊在另一轮齿的齿面上，形成沟痕，这种现象称为齿面胶合。发生胶合后，会在齿面上引起强烈的磨损和发热，使齿轮失效。一般高速和低速重载的齿轮传动容易发生齿面胶合	选用特殊的高黏度润滑油或在润滑油中加入抗胶合的添加剂，选用不同的材料使两齿轮不易粘连，提高齿面硬度，降低齿面表面粗糙度值，改进冷却条件等
齿面塑性变形	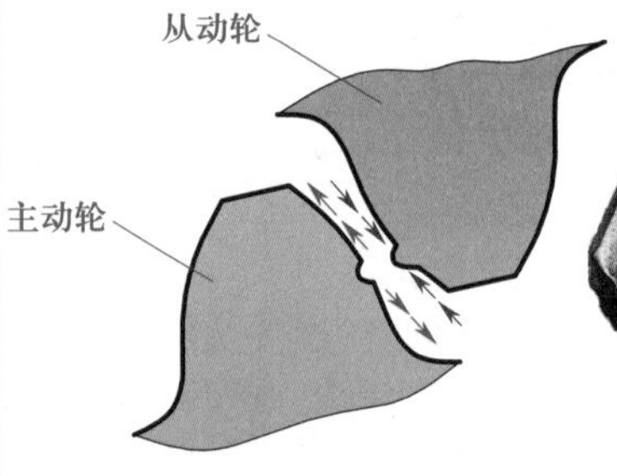  从动轮 主动轮	齿轮齿面较软时，在重载情况下，可能使表层金属沿着相对滑动方向发生局部的塑性流动，出现塑性变形。塑性变形后，主动轮沿着节线形成凹沟，而从动轮沿着节线形成凸棱。若整个轮齿发生永久性变形，则齿轮传动丧失工作能力	提高齿面硬度，采用黏度高的润滑油，尽量避免频繁启动和过载
轮齿折断	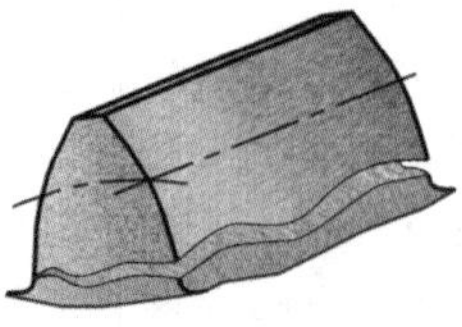 	轮齿在传递动力时，齿根处受力最大，轮齿容易折断。轮齿折断的原因有两种：一种是受到严重冲击、短期过载而突然折断；另一种是轮齿长期工作后经过多次反复的弯曲，齿根发生疲劳折断。轮齿折断是开式齿轮传动和硬齿面闭式齿轮传动的主要失效形式之一	选择适当的模数和齿宽，采用合适的材料及热处理方法，齿根过渡圆角不宜小，应有一定的表面质量，使齿根危险截面处的弯曲应力最大值不超过许用应力值

* 九、齿轮传动精度

理想的齿轮，其轮齿的齿廓应具有理想的形状（如齿形）和位置（如齿距），齿轮副的安装应具有正确的位置（如中心距），齿轮副的传动应具有确定的传动比。但是在齿轮加工和齿轮副安装过程中总存在误差，从而影响齿轮传动的准确性、平稳性和载荷的均匀性。为了保证齿轮副的正常传动，必须根据齿轮和齿轮副的实际使用要求选择齿轮的精度。

根据齿轮的使用要求，齿轮的精度由以下四个方面组成。

1. 运动精度

运动精度是指齿轮传动中传递运动的准确性，通常以齿轮每回转一周产生的转角误差来反映。转角误差越小，传递运动越准确，传动比也就越准确。

2. 工作平稳性精度

由于齿轮在制造过程中存在齿形误差、基节误差等，因此齿轮在传动的每一转内，转角误差忽大忽小，且正负交替变化，致使齿轮副的瞬时传动比不稳定，引起冲击、振动和噪声，工作不平稳。工作平稳性精度是指在齿轮回转的一周中，其瞬时传动比变化的限度。瞬时传动比变化越小，齿轮副传动越平稳。

3. 接触精度

接触精度是指齿轮在传动中，工作齿面承受载荷的分布均匀性。接触精度常用齿轮副的接触斑点面积的大小（占整个齿面的百分比）和接触位置来表示。

4. 齿轮副的侧隙

齿轮副的侧隙是指相互啮合的一对齿轮的非工作齿面之间的间隙。齿轮传动时齿轮会受力变形及受热膨胀，因此，齿轮非工作齿面之间应留有一定的侧隙，以防止齿轮副出现卡死现象。同时，齿轮幅的侧隙还可储存润滑剂，改善齿面的摩擦条件。齿轮副的侧隙一般通过选择适当的齿厚极限偏差和控制齿轮副中心距偏差来保证。

十、齿轮传动的维护方法

（1）及时清除齿轮啮合工作面的污染物，保持齿轮清洁。

（2）正确选用齿轮的润滑油（脂），按规定及时检查油质，定期换油。

（3）保持齿轮工作在正常的润滑状态。

（4）经常检查齿轮传动啮合状况，保证齿轮处于正常的传动状态。

（5）禁止超速、超载运行。

* 十一、齿面接触疲劳强度和齿根弯曲疲劳强度

1. 齿面接触疲劳强度

齿面接触应力为交变应力。齿面接触疲劳强度是指两齿轮齿面接触时，其表面产生很大的局部接触应力时的强度。当齿轮材料、传递转矩、齿宽和齿数比确定后，直齿圆柱齿轮的齿面接触疲劳强度取决于小齿轮的直径或中心距的大小。

2. 齿根弯曲疲劳强度

齿轮在受载时，轮齿可以看成悬臂梁，齿根所受的弯矩最大。齿根弯曲疲劳强度是指齿轮在无限次交变载荷作用下不被破坏的强度。提高直齿圆柱齿轮齿根弯曲疲劳强度的主要措施有：

（1）适当增大齿宽。

（2）增大齿轮模数。

（3）采用较大的变位系数。

（4）提高齿轮精度等级。

（5）改善齿轮材料和热处理方式。

§5-6　蜗杆传动

一、蜗杆传动的类型、特点和应用

观察思考

　　观察图5-6-1a所示的蜗轮蜗杆减速机，可以看到蜗轮、蜗杆两轴线在空间交错成90°，蜗杆传动的组成如图5-6-1b所示，蜗杆（主动件）带动蜗轮（从动件）转动，从而传递运动和动力。通过观察，归纳并回答：蜗杆传动具有哪些特点？在工作过程中，蜗轮的转速与蜗杆的转速有什么关系？

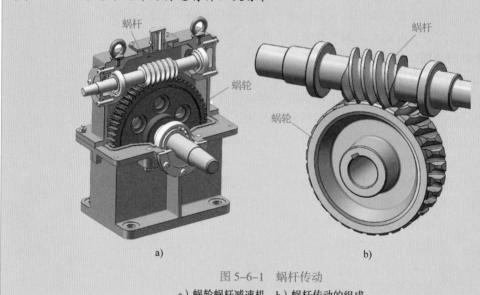

图5-6-1　蜗杆传动

a）蜗轮蜗杆减速机　b）蜗杆传动的组成

1. 蜗杆的分类

蜗杆通常与轴合为一体，其结构如图5-6-2所示。

蜗杆的分类见表5-6-1。

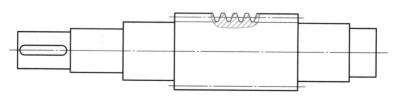

图5-6-2　蜗杆结构

表 5-6-1　　　　　　　　　　　　　　　蜗杆的分类

分类标准	类别	名称或图示
按蜗杆形状不同	圆柱蜗杆	阿基米德蜗杆（应用广泛）
		渐开线蜗杆
		法向直廓蜗杆
	环面蜗杆	—
	锥蜗杆	
按蜗杆螺旋线方向不同	右旋蜗杆	
	左旋蜗杆	
按蜗杆头数不同	单头蜗杆	
	多头蜗杆	
		双头蜗杆　　　　　三头蜗杆

2. 蜗杆传动的特点和应用

蜗杆传动的主要特点是结构紧凑，工作平衡，无噪声、冲击和振动，以及能得到很大的单级传动比。

在制造精度和传动比相同的条件下，蜗杆传动的效率比齿轮传动低，蜗杆和蜗轮齿间发热量较大，会导致润滑失效，引起磨损加剧。同时，蜗轮一般需用贵重的减磨材料（如青铜）制造。因此，蜗杆传动不适用于大功率、长时间工作的场合。

二、蜗杆传动的主要参数和几何尺寸

在蜗杆传动中，其主要参数和几何尺寸计算均以中间平面为准。通过蜗杆轴线并与蜗轮轴线垂直的平面称为中间平面，如图 5-6-3 所示。在此平面内，蜗杆相当于齿条，蜗轮相当于渐开线齿轮，蜗杆与蜗轮的啮合相当于渐开线齿轮与齿条的啮合。国家标准规定，蜗杆以轴面（x）的参数为标准参数，蜗轮以端面（t）的参数为标准参数。

蜗杆传动的主要参数有模数（m）、齿形角（α）、蜗杆分度圆柱导程角（γ）、蜗杆分度圆直径（d_1）、蜗杆直径系数（q）、蜗杆头数（z_1）、蜗轮齿数（z_2）及蜗轮螺旋角（β_2）。

1. 模数（m）、齿形角（α）

蜗杆传动与齿轮传动一样，其几何尺寸也以模数为主要计算参数。

蜗杆模数已标准化，蜗杆标准模数值见表 5-6-2。

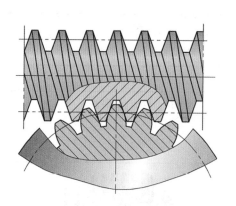

中间平面

蜗杆轴线

蜗轮轴线

图 5-6-3　蜗杆传动中间平面

表 5-6-2

蜗杆标准模数值（摘自 GB/T 10088—2018）　　　　　　mm

第一系列	0、1、0.12、0.16、0.2、0.25、0.3、0.4、0.5、0.6、0.8、1、1.25、1.6、2、2.5、3.15、4、5、6.3、8、10、12.5、16、20、25、31.5、40
第二系列	0.7、0.9、1.5、3、3.5、4.5、5.5、6、7、12、14

注：优先采用第一系列。

蜗杆的轴面齿形角 α_{x1} 和蜗轮的端面齿形角 α_{t2} 相等，且为标准值，即

$$\alpha_{x1}=\alpha_{t2}=\alpha=20°$$

2. 蜗杆分度圆柱导程角（γ）

蜗杆分度圆柱导程角 γ 是指蜗杆分度圆柱螺旋线的切线与端面之间所夹的锐角。

如图 5-6-4 所示为头数 $z_1=3$ 的右旋蜗杆分度圆柱面及展开图。p_z（$p_z=p_x z_1$）为螺旋线的导程，p_x 为轴向齿距，d_1 为蜗杆分度圆直径，则蜗杆分度圆柱导程角 γ 为

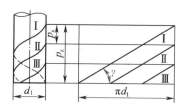

$$\gamma=\arctan\frac{p_x z_1}{\pi d_1}=\arctan\frac{z_1 m}{d_1}$$

图 5-6-4　头数 $z_1=3$ 的右旋蜗杆
分度圆柱面及展开图

导程角的大小直接影响蜗杆传动的效率。导程角大则效率高，但自锁性差；导程角小则蜗杆传动自锁性强，但效率低。

3. 蜗杆分度圆直径（d_1）和蜗杆直径系数（q）

为保证蜗杆传动的正确性，切制蜗轮滚刀的分度圆直径、模数和其他参数必须与该蜗轮相配的蜗杆一致，齿形角与相配的蜗杆相同。蜗杆分度圆直径 d_1 不仅与模数 m 有关，而且与头数 z_1 和导程角 γ 有关。因此，即使模数 m 相同，也会有很多直径不同的蜗杆。所以，对于同一尺寸的蜗杆必须有一把对应的蜗轮滚刀，即对同一模数、不同直径的蜗杆，必须配备相应数量的滚刀。这就要求备有很多相应的滚刀，显然很不经济。在生产中为使刀具标准化，限制滚刀的数目，国家标准对一定模数 m 的蜗杆分度圆直径 d_1 做了规定，即规定了蜗杆直径系数 q，且 $q=d_1/m$。

4. 蜗杆头数（z_1）和蜗轮齿数（z_2）

蜗杆头数 z_1 主要根据蜗杆传动的传动比和传动效率来选定，一般推荐选用 $z_1=1$、2、4、6。蜗杆头数少，则蜗杆传动的传动比大，容易自锁，传动效率较低；蜗杆头数越多，效率

越高，但加工也越困难。

蜗轮齿数 z_2 可根据 z_1 和传动比 i 来确定。一般推荐 $z_2=29 \sim 80$。

资料卡片

蜗杆传动的正确啮合条件为：

（1）在中间平面内，蜗杆的轴面模数 m_{x1} 和蜗轮的端面模数 m_{t2} 相等。

（2）在中间平面内，蜗杆的轴面齿形角 α_{x1} 和蜗轮的端面齿形角 α_{t2} 相等。

（3）蜗杆分度圆柱导程角 γ_1 和蜗轮分度圆柱螺旋角 β_2 相等，且旋向一致。

三、蜗杆传动的传动比与蜗轮转向

1. 蜗杆传动的传动比

蜗杆传动的传动比 i 为

$$i= \frac{\omega_1}{\omega_2} = \frac{n_1}{n_2} = \frac{z_2}{z_1}$$

式中 ω_1、ω_2——蜗杆、蜗轮的角速度，rad/s；

n_1、n_2——蜗杆、蜗轮的转速，r/min；

z_1——蜗杆的头数；

z_2——蜗轮的齿数。

2. 蜗轮转向的判定

在蜗杆传动中，蜗轮、蜗杆齿的旋向应是一致的，即同为左旋或右旋。蜗轮转向的判定取决于蜗杆的旋向和蜗杆的转向，可用左（右）手定则判定，见表5-6-3。

表5-6-3   蜗轮、蜗杆齿的旋向及蜗轮转向的判定

要求	图例	判定方法
判断蜗杆或蜗轮的旋向	右旋蜗杆 左旋蜗杆 右旋蜗轮　左旋蜗轮	右手定则：手心对着自己，四指顺着蜗杆或蜗轮轴线方向摆正，若齿向与右手拇指指向一致，则该蜗杆或蜗轮为右旋；反之则为左旋

要求	图例	判定方法
判断蜗轮的转向	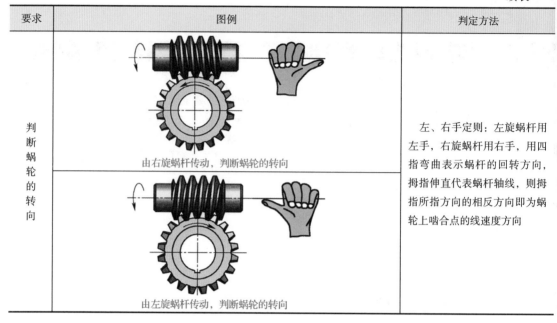 由右旋蜗杆传动，判断蜗轮的转向 由左旋蜗杆传动，判断蜗轮的转向	左、右手定则：左旋蜗杆用左手，右旋蜗杆用右手，用四指弯曲表示蜗杆的回转方向，拇指伸直代表蜗杆轴线，则拇指所指方向的相反方向即为蜗轮上啮合点的线速度方向

四、蜗杆传动的失效形式与维护

1. 蜗杆传动的失效形式

蜗杆传动中，由于蜗杆螺旋部分的强度总是高于蜗轮轮齿的强度，因此失效常发生在蜗轮轮齿上。蜗杆传动的主要失效形式有蜗轮齿面胶合、点蚀及磨损。

2. 蜗杆传动的维护

（1）润滑

由于蜗杆传动时摩擦产生的发热量较大，因此要求工作时有良好的润滑条件，润滑的主要目的是减小摩擦与散热，以提高蜗杆传动的效率，防止胶合及减少磨损。蜗杆传动的润滑方式主要有油池润滑和喷油润滑。

（2）散热

蜗杆传动摩擦大，传动效率较低，所以工作时发热量较大。为提高散热能力，可考虑采用下面的措施：如在箱体外壁增加散热片；在蜗杆轴端安装风扇进行人工通风；在箱体油池内装蛇形冷却水管；采用喷油润滑及循环油散热等，如图5-6-5所示。

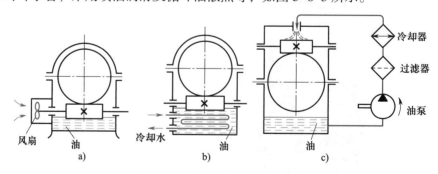

图5-6-5　蜗杆传动的润滑与散热

a）浸油润滑与风扇散热　b）浸油润滑与冷却水散热　c）喷油润滑及循环油散热

观察思考

　　前面讨论的齿轮传动都是由一对齿轮所组成的，是齿轮传动中最简单的形式。在实际使用的机械装备中，依靠一对齿轮传动往往是不够的，需要多对（或多级）齿轮传动来实现功用要求和工作目标。观察并思考：

　　汽车变速箱（图 5-7-1a）是如何实现变速和变向的？

　　世纪钟（图 5-7-1b）是如何实现秒、分、时进制的？

a)　　　　　　　　　　　　　　　　b)

图 5-7-1　汽车变速箱和世纪钟

a）汽车变速箱　b）世纪钟

一、轮系的分类和应用特点

　　在机械传动中，有时为了获得较大的传动比，或将主动轴的一种转速变换为从动轴的多种转速，或需要改变从动轴的回转方向，往往采用一系列相互啮合的齿轮，将主动轴和从动轴连接起来组成传动。这种由一系列相互啮合的齿轮组成的传动系统称为轮系。

1. 轮系的分类

　　轮系的形式有很多，按照轮系传动时各齿轮的轴线位置是否固定可分为定轴轮系、周转轮系（差动轮系和行星轮系）、混合轮系三大类，见表 5-7-1。

2. 轮系的应用特点

（1）可获得很大的传动比

　　当两轴之间的传动比较大时，若仅用一对齿轮传动，则两个齿轮的齿数差一定很大，导致小齿轮磨损加快。而大齿轮齿数太多，也使得齿轮传动机构的结构尺寸增大。为此，一对齿轮传动的传动比不能过大（一般 $i_{12}=3 \sim 5$，$i_{max} \leqslant 8$），而采用轮系传动可以获得很大的传动比，以满足低速工作的要求。

表 5-7-1轮系的分类

类别	说明	图示
定轴轮系	当轮系运转时，所有齿轮的几何轴线的位置相对于机架固定不变，也称为普通轮系	 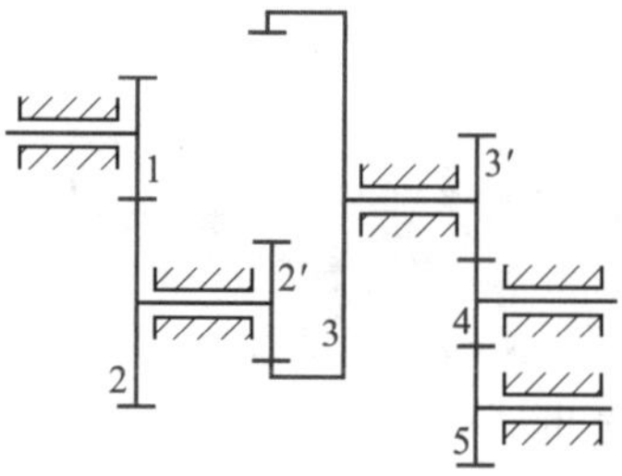
周转轮系	当轮系运转时，至少有一个齿轮的几何轴线相对于机架的位置是不固定的，而是绕另一个齿轮的几何轴线转动	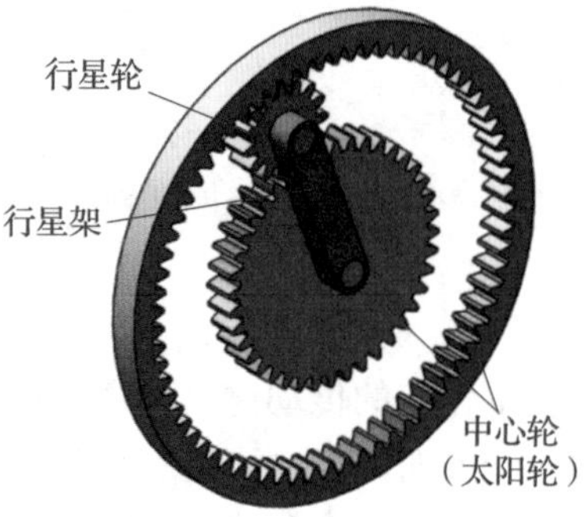 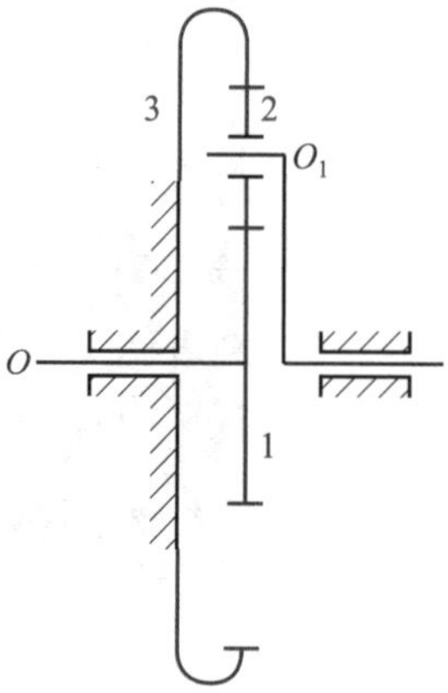 行星轮 行星架 中心轮（太阳轮） 行星轮系 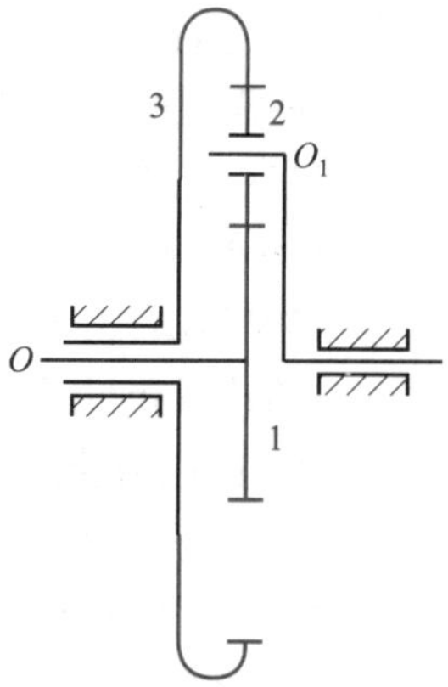 差动轮系

类别	说明	图示
混合轮系	在轮系中，既有定轴轮系，又有周转轮系	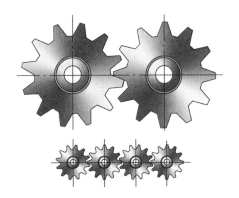

（2）可做相对较远距离的传动

当两轴中心距较大时，如果用一对齿轮传动，则两齿轮的结构尺寸必然很大，导致传动机构庞大。而采用轮系传动，可使结构紧凑，缩小传动装置的占用空间，节约材料，如图 5-7-2 所示。

（3）可以方便地实现变速和变向要求

在金属切削机床、汽车等机械设备中，经过轮系传动，可以使输出轴获得多级转速，以满足不同工作要求。

如图 5-7-3 所示，齿轮 1、2 是双联滑移齿轮，可以在轴 I 上滑移。当齿轮 1 和齿轮 3 啮合时，轴 II 获得一种转速；当双联滑移齿轮右移，使齿轮 2 和齿轮 4 啮合时，轴 II 可获得另一种转速（齿轮 1、3 和齿轮 2、4 传动比不同）。

图 5-7-2　远距离传动

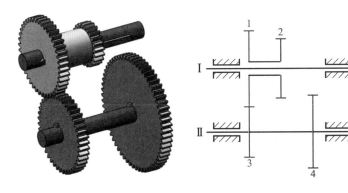

图 5-7-3　滑移齿轮变速机构

如图 5-7-4a 所示，当齿轮 1（主动轮）与齿轮 3（从动轮）直接啮合时，齿轮 3 和齿轮 1 的转向相反。若在两轮之间增加一个齿轮 2，则齿轮 3 的转向和齿轮 1 相同，如图 5-7-4b 所示。所以，利用中间齿轮（也称惰轮或过桥轮）可以改变从动轮的转向。

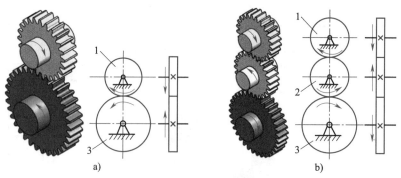

图 5-7-4　利用中间齿轮变向机构

a）直接啮合　b）利用中间齿轮啮合

（4）可以实现运动的合成与分解

采用行星轮系可以将两个独立的运动合成为一个运动，或将一个运动分解为两个独立的运动。

如图 5-7-5 所示汽车后桥差速器，当汽车转弯时，能将传动轴输入的一种转速分解为两轮不同的转速。

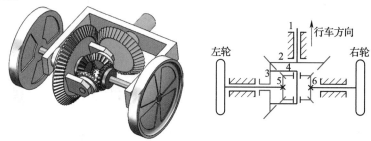

图 5-7-5　汽车后桥差速器

1—传动轴　2—主动锥齿轮　3—大锥齿轮　4—行星架　5、6—小中心锥齿轮

资料卡片

普通机械手表仅以时、分、秒的计量为基本功能，它的基本结构如图 5-7-6 所示。

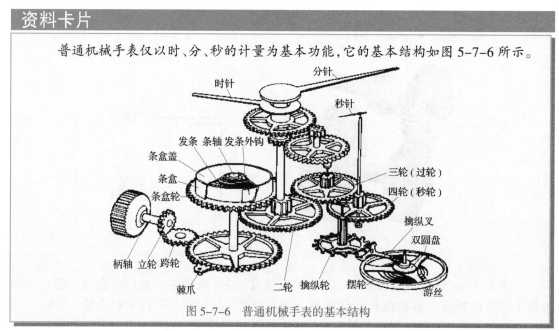

图 5-7-6　普通机械手表的基本结构

（1）原动系统是由条盒轮、条轴、发条等元件组成的，它是手表工作的能源部分。其功能是补充整个机构的阻力消耗，推动各齿轮的转动，维持摆轮的振荡。

（2）传动系统由二轮、过轮、秒轮、擒纵轮等组成，它是将发动力传递至擒纵轮的一组传动齿轮，并带动指针机构运动。

（3）擒纵调速系统由擒纵机构和调速机构两部分组成。调速机构是靠摆轮游丝的周期性振荡使擒纵机构保持精确和规律性的持续运动，而起调速作用的。擒纵机构由擒纵轮、擒纵叉、双圆盘等组成，其功能是向调速机构传递能量，计量振荡次数。

（4）指针机构通过传动系统带动来显示时间。

二、定轴轮系的传动比

定轴轮系的传动比计算包括计算轮系传动比的大小和确定末轮的回转方向。

1. 定轴轮系中各轮转向的判断

一对齿轮传动，当首轮（或末轮）的转向为已知时，其末轮（或首轮）的转向也就确定了，齿轮转向可以用标注箭头的方法表示，也可以用"+""-"号法表示（"+""-"号法仅适用于轴线平行的啮合传动）。表 5-7-2 所列为一对齿轮传动的转向表达。

表 5-7-2　　　　　　　　　　　一对齿轮传动的转向表达

	机构运动简图	转向表达
圆柱齿轮传动	 外啮合	转向用画箭头的方法表示，主、从动轮转向相反时，两箭头指向相反，传动比为"-"
	 内啮合	主、从动轮转向相同时，两箭头指向相同，传动比为"+"

机构运动简图	转向表达
锥齿轮传动	两箭头同时指向或同时背离啮合点

2. 传动比

（1）传动路线

无论轮系有多复杂，都应从输入轴（首轮转速 n_1）至输出轴（末轮转速 n_k）的传动路线入手进行分析。

如图5-7-7所示为一个两级齿轮传动装置，运动和动力是由轴Ⅰ经轴Ⅱ传到轴Ⅲ的。

【例5-7-1】 如图5-7-8所示为定轴轮系，试分析该轮系的传动路线。

分析：该轮系的传动路线为

$$n \rightarrow \mathrm{I} \xrightarrow{\frac{z_1}{z_2}} \mathrm{II} \xrightarrow{\frac{z_3}{z_4}} \mathrm{III} \xrightarrow{\frac{z_5}{z_6}} \mathrm{IV} \xrightarrow{\frac{z_7}{z_8}} \mathrm{V} \xrightarrow{\frac{z_8}{z_9}} \mathrm{VI} \rightarrow n_9$$

（2）传动比计算

如图5-7-7所示的两级齿轮传动装置中，轴Ⅰ为动力输入轴，轴Ⅲ为动力输出轴。首轮1转速为 n_1，末轮4转速为 n_4，轴Ⅰ、轴Ⅱ、轴Ⅲ的轴线位置在传动中保持固定不变，轴Ⅰ与轴Ⅲ的传动比即主动轮1与从动轮4的传动比，该传动比称为该定轴轮系的总传动比 $i_{总}$。

$$i_{总} = \frac{n_1}{n_4} = \frac{n_1}{n_2} \times \frac{n_3}{n_4} = i_{12} \times i_{34} = \frac{z_2}{z_1} \times \frac{z_4}{z_3}$$

式中 $i_{总}$——齿轮1和齿轮4之间的传动比；

n_1、n_2、n_3、n_4——齿轮1、2、3、4的转速，r/min；

i_{12}——齿轮1和齿轮2之间的传动比；

i_{34}——齿轮3和齿轮4之间的传动比；

z_1、z_2、z_3、z_4——齿轮1、2、3、4的齿数。

该式说明轮系的传动比等于轮系中所有从动轮齿数的连乘积与所有主动轮齿数的连乘积之比。

由此得出结论：在平行定轴轮系中，若以1表示首轮，以 k 表示末轮，外啮合的次数为 m，则其总传动比 $i_{总}$ 为

$$i_{总} = i_{1k} = (-1)^m \frac{各级齿轮副中从动轮齿数的连乘积}{各级齿轮副中主动轮齿数的连乘积}$$

在上式中，当 i_{1k} 为正值时，表示1与 k 齿轮转向相同；反之，表示转向相反。转向也可以通过在图上依次画箭头来确定，如图5-7-8所示。

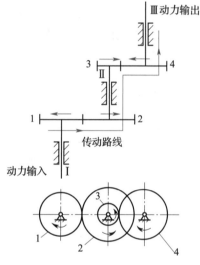

图5-7-7 两级齿轮传动装置

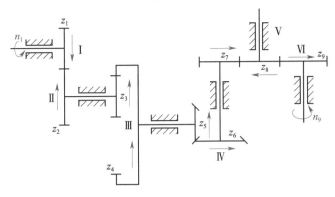

图 5-7-8　定轴轮系

【例 5-7-2】　如图 5-7-9 所示轮系中，已知各齿轮齿数及 n_1 转向，求 i_{19} 并判定 n_9 转向。

分析：若齿轮 1、2、3、…、9 的齿数分别用 z_1、z_2、z_3、…、z_9 表示，齿轮的转速分别用 n_1、n_2、n_3、…、n_9 表示，各对齿轮的传动比用 i_{12}、i_{34}、i_{56}…表示。则每对齿轮的传动比为

$$i_{12}=\frac{n_1}{n_2}=-\frac{z_2}{z_1}$$

$$i_{23}=\frac{n_2}{n_3}=-\frac{z_3}{z_2}$$

$$i_{45}=\frac{n_4}{n_5}=+\frac{z_5}{z_4}$$

$$i_{67}=\frac{n_6}{n_7}=-\frac{z_7}{z_6}$$

$$i_{89}=\frac{n_8}{n_9}=-\frac{z_9}{z_8}$$

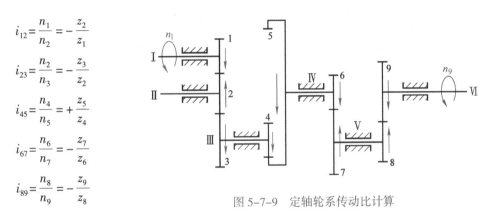

图 5-7-9　定轴轮系传动比计算

因为轮系传动比 $i_{总}$ 等于各级齿轮副传动比的连乘积，所以

$$i_{19}=i_{12}\times i_{23}\times i_{45}\times i_{67}\times i_{89}=\frac{n_1}{n_2}\times\frac{n_2}{n_3}\times\frac{n_4}{n_5}\times\frac{n_6}{n_7}\times\frac{n_8}{n_9}$$

$$=\left(-\frac{z_2}{z_1}\right)\left(-\frac{z_3}{z_2}\right)\left(+\frac{z_5}{z_4}\right)\left(-\frac{z_7}{z_6}\right)\left(-\frac{z_9}{z_8}\right)$$

即

$$i_{19}=(-1)^4\frac{z_2}{z_1}\times\frac{z_3}{z_2}\times\frac{z_5}{z_4}\times\frac{z_7}{z_6}\times\frac{z_9}{z_8}$$

i_{19} 为正值，表示定轴轮系中主动轮（首轮）1 与定轴轮系中输出轮（末轮）9 转向相同。转向也可以通过在图上依次画箭头来确定。

3. 惰轮的应用

观察图 5-7-10 所示轮系，中间齿轮 2 既是前对齿轮的从动轮，又是后对齿轮的主动轮，根据传动比的计算公式，整个轮系的传动比为

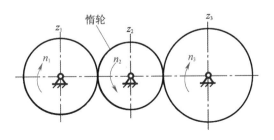

图 5-7-10　惰轮的应用

$$i_{13}=\frac{n_1}{n_3}=i_{12}\times i_{23}=\frac{z_2}{z_1}\times\frac{z_3}{z_2}=\frac{z_3}{z_1}$$

从式中可以看出，齿轮 2 的齿数在计算总传动比中可以约去。不论齿轮 2 的齿数是多少，对总传动比毫无影响，但齿轮 2 却起到了改变齿轮副中从动轮回转方向的作用，这样的齿轮被称为惰轮。惰轮常用于传动距离稍远和需要改变转向的场合。显然，两齿轮间若有奇数个惰轮，首、末两轮的转向相同；若有偶数个惰轮，则首、末两轮的转向相反。

三、行星轮系的传动比

在行星轮系（图 5-7-11）中，轴线位置变动的齿轮（既做自转又做公转的齿轮）称为行星轮；支持行星轮的构件称为行星架（或转臂）；轴线位置固定的齿轮则称为中心轮（或太阳轮）。

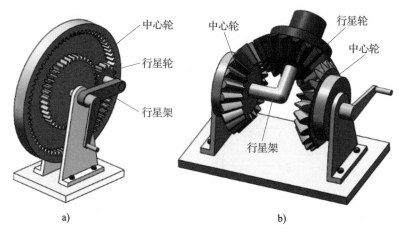

图 5-7-11　行星轮系

a）圆柱齿轮组成的行星轮系　b）锥齿轮组成的行星轮系

行星轮系中，行星轮的运动不是绕固定轴线的简单转动，所以其传动比不能直接用求解定轴轮系传动比的方法计算。

假定行星轮系各齿轮和行星架 H 的转速分别为 n_1、n_2、n_3、n_H。若给行星轮系加上一个与行星架转速大小相等、方向相反的公共转速 $-n_H$，则行星架的转速变为零，即行星架固定不动。这时，轮系中所有齿轮的轴线位置都固定不动，但轮系中各构件之间的相对运动关系并没有改变，这样就将行星轮系转化成一个假想的定轴轮系。这种加上一个公共转速 $-n_H$ 后得到的定轴轮系称为原行星轮系的转化轮系（或称转化机构）。将行星轮系转化为一假想的定轴轮系后，就可以用定轴轮系的传动比计算公式求解行星轮系的传动比了。

由定轴轮系计算传动比的方法，可求出转化轮系（即齿轮 1 和齿轮 3 之间）的传动比为

$$i_{13}^{H}=\frac{n_1^{H}}{n_3^{H}}=\frac{n_1-n_H}{n_3-n_H}=(-1)^1\frac{z_2z_3}{z_1z_2}=-\frac{z_3}{z_1}$$

式中，传动比为负说明齿轮 1 与齿轮 3 啮合传动的转向相反。

由此可见，当 n_1 和 n_k 为行星轮系中任意两个齿轮 1 和 k 的转速，n_H 为行星架 H 的转速时，行星轮系的传动比为

$$i_{1k}^{H} = \frac{n_1^{H}}{n_k^{H}} = \frac{n_1 - n_H}{n_k - n_H} = \frac{齿轮 1 到齿轮 k 之间所有从动轮齿数的连乘积}{齿轮 1 到齿轮 k 之间所有主动轮齿数的连乘积}$$

提示

　　1 为起始主动轮，k 为最末从动轮，中间各齿轮的主从地位应按这一假定去判别。转化轮系中的符号可酌情采用画箭头或正负号的方法确定。转向相同为"+"，反之为"-"。

　　注意：只有当两轴平行时，两轴转速才能代数相加。因此，上式只适用于齿轮 1、k 和行星架 H 的轴线平行的场合。

【例 5-7-3】　如图 5-7-12 所示的轮系中，已知 $z_1 = 40$，$z_2 = 40$，$z_3 = 40$，均为标准齿轮传动，试求 i_{13}^{H}。

　　解：

　　由行星轮系传动比公式得

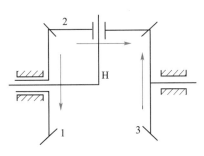

$$i_{13}^{H} = \frac{n_1^{H}}{n_3^{H}} = \frac{n_1 - n_H}{n_3 - n_H} = -\frac{z_2 z_3}{z_1 z_2} = -\frac{z_3}{z_1} = -1$$

　　"-"号表示齿轮 1 与齿轮 3 的转向相反。

　　四、减速器的类型、结构、特点和应用

图 5-7-12　轮系

观察思考

　　你知道图 5-7-13a、b 所示减速器的结构有什么不同吗？它们各适用于什么场合？想一想，你在日常生活中还见过哪些地方使用了减速器？

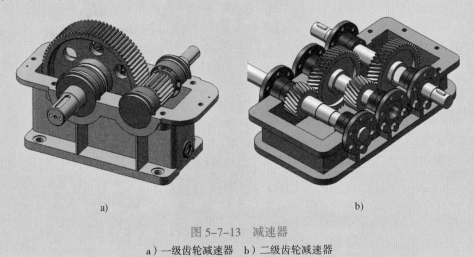

a)　　　　　　　　　　　　　　　　　　b)

图 5-7-13　减速器

a）一级齿轮减速器　b）二级齿轮减速器

　　减速器是一种由封闭在刚性壳体内的齿轮传动、蜗杆传动、齿轮 - 蜗杆传动所组成的独立部件，常用作主动件与工作机之间的减速传动装置。在少数场合也用作增速的传动装置，这时就称为增速器。

1. 减速器的类型

减速器的常见分类如图 5-7-14 所示。

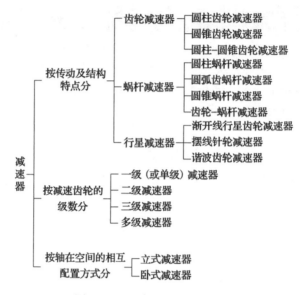

图 5-7-14 减速器的常见分类

2. 减速器的结构

如图 5-7-15 所示为单级直齿圆柱齿轮减速器，它主要由齿轮、轴、轴承、箱体等组成。箱体必须有足够的刚度，为了保证箱体的刚度及散热，常在箱体外壁上制有加强肋。为了方便减速器的制造、装配及使用，还在减速器上设置了一系列附件，如检查孔、透气孔、油标尺或油面指示器、吊钩及起盖螺钉等。

图 5-7-15 单级直齿圆柱齿轮减速器

3. 常用减速器的类型、特点及应用

常用减速器的类型、特点及应用见表 5-7-3。

表 5-7-3　　　　　　　　　　常用减速器的类型、特点及应用

名称	机构运动简图	图示	特点及应用
圆柱齿轮减速器	一级		

名称	机构运动简图	图示	特点及应用
圆柱齿轮减速器	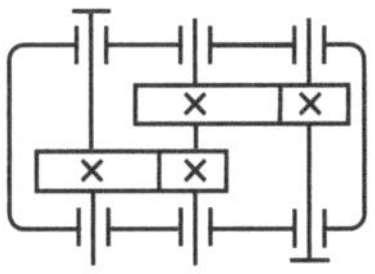 二级展开式		应用最广，传递功率范围大（可从很小到 4 000 kW），圆周速度从很低到 70 m/s，效率高
	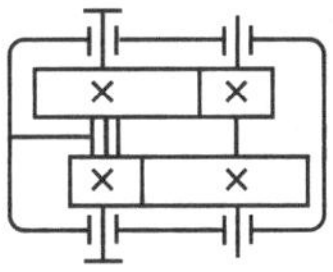 二级同轴式		
	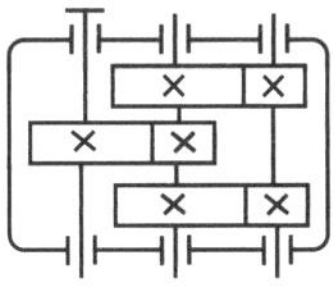 二级分流式		
一级锥齿轮减速器	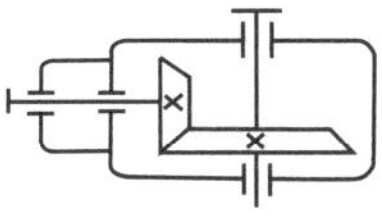		用于输入轴和输出轴两轴线相交的传动，可做成卧式或立式，传动比为 1～5

名称	机构运动简图	图示	特点及应用
二级圆柱-锥齿轮减速器	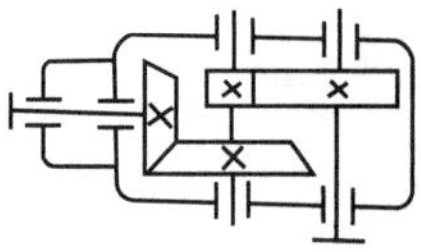		用于传动比较大的场合
蜗杆减速器 — 蜗杆下置式	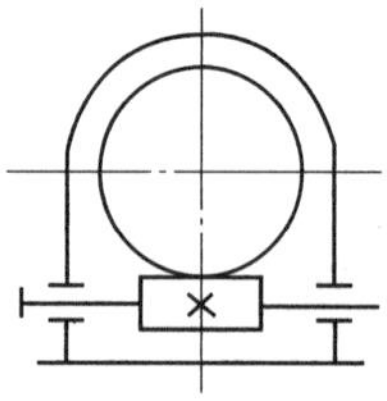	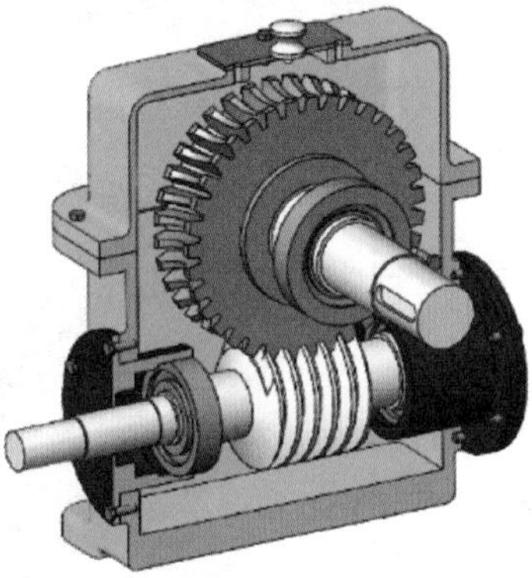	一般用于蜗杆圆周速度 $v \leqslant 5\,\mathrm{m/s}$ 时
蜗杆减速器 — 蜗杆上置式	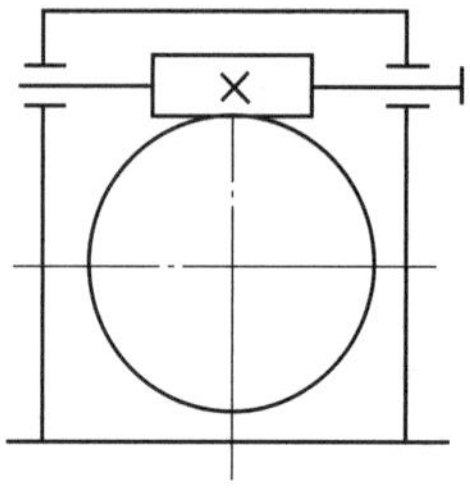		一般用于蜗杆圆周速度 $v > 4\,\mathrm{m/s}$ 时

提示

　　齿轮和蜗杆减速器我国制定了标准系列，并由专业部门的工厂生产。减速器标准体系分为基础标准、零部件标准、方法标准、产品标准四大类。基础标准主要根据减速器各种应用领域，对其传动形式、规格类型的术语、设计参数与数据、设计准则与规范、技术条件、材料等需求来确定；零部件标准针对减速器中通用的零部件来制定；方法标准主要针对用户对各类减速器性能需求而采取的设计、检测、加工等制定；产品标准针对不同的传动形式和结构特点而制定。

1. 摆线针轮行星传动

摆线针轮行星传动（图5-7-16）的特点是传动比范围较大，单级传动的传动比为9～87，两级传动的传动比可达121～7 569。由于同时参加啮合的齿数多，理论上有一多半的齿传递载荷，故承载能力较强，传动平稳。又由于针齿销可加套筒，针轮与摆线轮之间的摩擦为滚动摩擦，故轮齿磨损小，使用寿命长，传动效率较高。摆线针轮行星传动在国防、军工、冶金、造船、矿山等工业机械中应用十分广泛。

图 5-7-16　摆线针轮行星传动

2. 谐波齿轮传动

谐波齿轮传动的工作原理不同于普通齿轮传动。它通过波发生器所产生的连续移动变形波使柔性齿轮产生弹性变形，从而产生齿间相对位移而达到传动的目的，如图5-7-17所示。

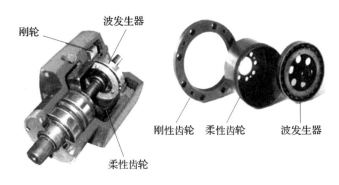

刚轮　波发生器

刚性齿轮　柔性齿轮　波发生器

柔性齿轮

图 5-7-17　谐波齿轮传动

目前，谐波齿轮传动已广泛应用于仪表、船舶、能源、航空航天及军事装备中。

> **提示**
>
> 　　谐波齿轮传动与摆线针轮行星传动都属于行星齿轮传动的范畴。谐波齿轮传动与摆线针轮行星传动相比，除传动比大、体积小、质量轻外，因不需等角速比机构，故大大简化了结构，密封性好。谐波齿轮传动中，同时啮合的齿数很多，故承载能力强，传动平稳。此外，其摩擦损失也较小，故传动效率高。

§5-8　实训环节——减速器的拆装

一、实训任务

如图5-8-1所示减速器由机盖部分、机座部分及一对齿轮组成，它主要通过大、小齿轮的啮合实现减速功能。本次实训任务是对其进行拆装。通过对减速器的拆装，了解减速器

的功用，掌握减速器的拆装方法、齿轮的结构及齿轮传动的
方法。

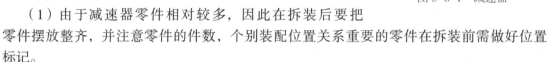

二、任务准备

1. 工具准备

减速器结构相对比较复杂，零件较多，所以需要准备
的工具会相对多一些，包括旋具、活扳手、成套呆扳手、
锤子、铜棒等。其中，铜棒是用来对一些配合较紧的零件
进行敲击的。

2. 知识准备

图 5-8-1　减速器

（1）由于减速器零件相对较多，因此在拆装后要把
零件摆放整齐，并注意零件的件数，个别装配位置关系重要的零件在拆装前需做好位置
标记。

（2）在对减速器进行装配时需对零件进行清理和清洗。

三、任务实施

1. 减速器的拆卸

减速器的分解图如图 5-8-2 所示。

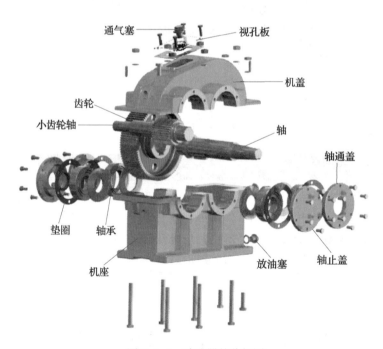

图 5-8-2　减速器的分解图

减速器的拆卸步骤如下：

（1）拆下机盖上与机座相连的螺栓和螺母

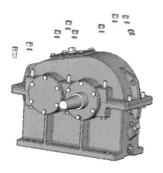

（2）拆下轴通盖与轴止盖上与机盖和机座相连的螺栓

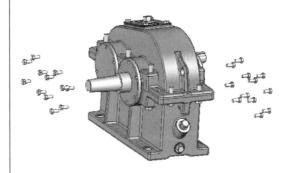

（3）抽出连接机盖与机座的螺栓，把机盖拆下

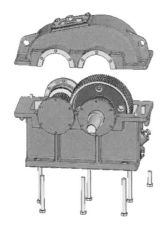

（4）拧开放油塞并拆下油标，放干净机座内的机油

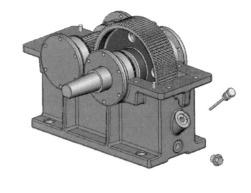

（5）拆卸轴通盖与轴止盖并把垫圈与毡圈拆下

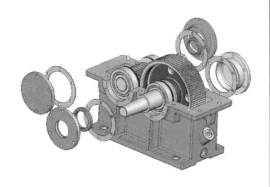

（6）拆卸小齿轮轴组和大齿轮轴组部件

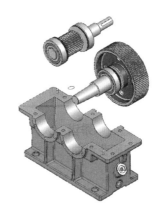

2. 减速器的装配

减速器的装配顺序与其拆卸顺序相反，在装配过程中一样要先对零部件进行清理和清洗，在装配螺纹组时应注意成组螺纹装配的方法。

四、任务注意事项

（1）要认真分析装配体及零件的结构，拟定拆装方案。

（2）要合理选择拆装工具和拆装方法，按规定顺序拆卸。严禁乱敲打、硬撬拉，避免损坏零件。

（3）拆下的零件要分类、分组存放，并对零件进行编号登记。

（4）注意安全，认真操作，防止手脚受伤。

（5）爱护工具和设备，工具和零件要轻拿轻放，防止损坏。

五、学生反馈表（表 5-8-1）

表 5-8-1   学生反馈表

序号	内容	答案（总结）
1	观察齿轮的结构，写出齿轮的主要参数	
2	观察两齿轮的啮合情况，写出齿轮正确啮合的条件	
3	清点两齿轮的齿数，计算出该减速器的传动比	

第 6 章

支承零部件

§6-1 轴

一、轴的分类、特点和应用

轴是机器中最基本、最重要的零件之一。它的主要功用是支承回转零件（如齿轮、带轮等），传递运动和动力。对轴的一般要求是要有足够的强度、合理的结构和良好的工艺性。

根据轴线形状的不同，轴可分为直轴、曲轴和挠性钢丝软轴（简称挠性轴），见表 6–1–1。

表 6–1–1 轴的分类

轴的类型	图示		特点和应用
直轴	光轴	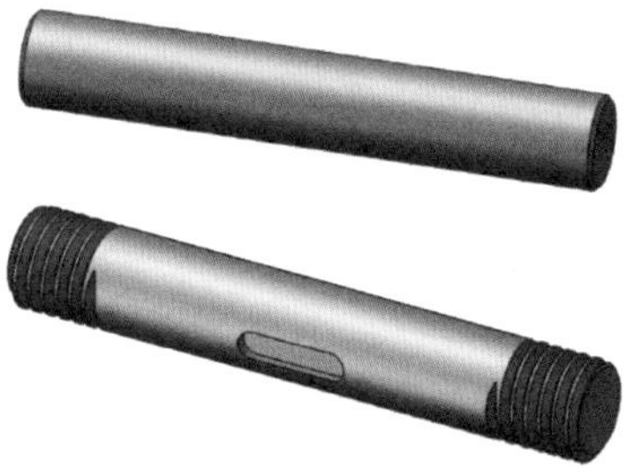	直轴的轴线为一条线段。按直轴外形不同，可分为光轴（直径无变化）和台阶轴（直径有变化）
	台阶轴	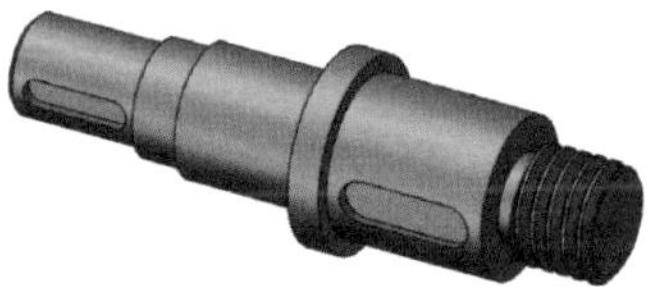	
曲轴	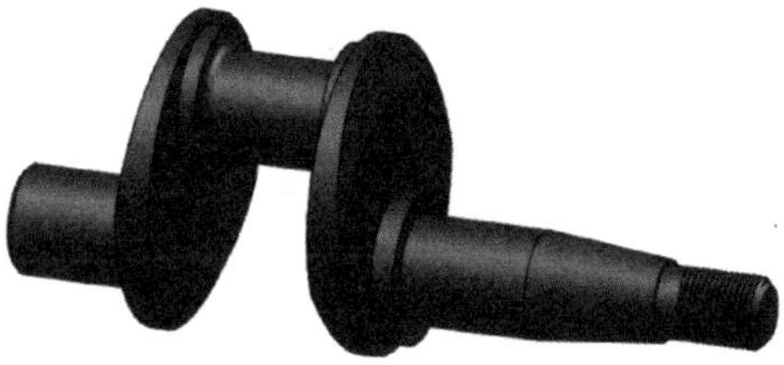		曲轴常用于将主动件的回转运动转变为从动件的直线往复运动，或将主动件的直线往复运动转变为从动件的回转运动，如内燃机曲轴、冲床曲轴等

轴的类型	图示	特点和应用
挠性轴	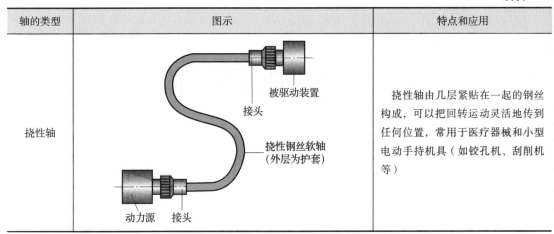 被驱动装置 接头 挠性钢丝软轴 (外层为护套) 动力源　接头	挠性轴由几层紧贴在一起的钢丝构成，可以把回转运动灵活地传到任何位置，常用于医疗器械和小型电动手持机具（如铰孔机、刮削机等）

　　根据承载情况不同，直轴又分为心轴、传动轴和转轴三类，其应用特点见表6-1-2。

表6-1-2　　　　　　　　　　心轴、传动轴和转轴的应用特点

种类		举例	应用特点
心轴	转动心轴	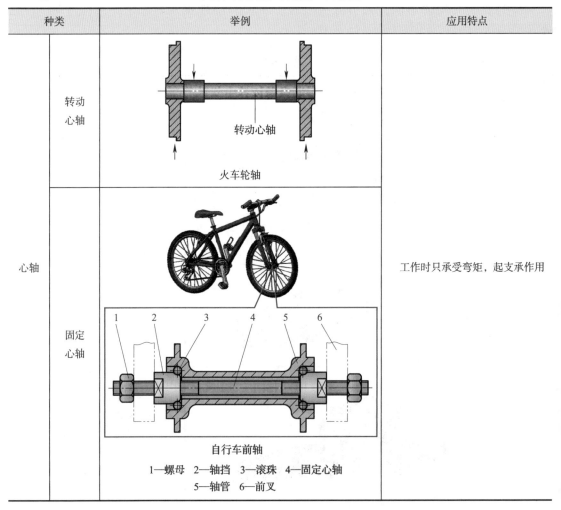 转动心轴 火车轮轴	工作时只承受弯矩，起支承作用
	固定心轴	1　　2　　　3　　　4　　　5　　　6 自行车前轴 1—螺母　2—轴挡　3—滚珠　4—固定心轴 5—轴管　6—前叉	

164

种类	举例	应用特点
传动轴	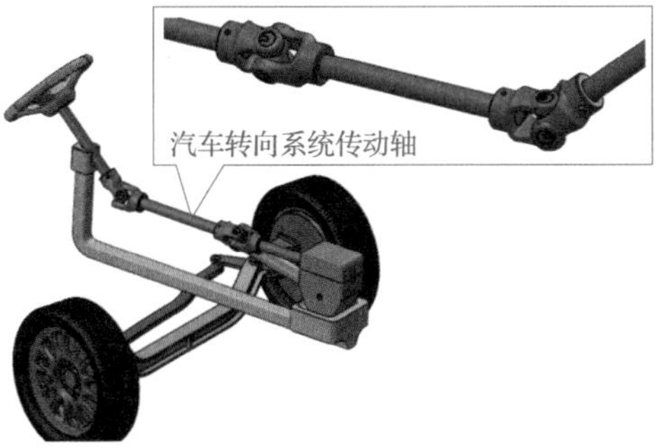 汽车转向系统传动轴	工作时只承受扭矩，不承受弯矩或承受很小的弯矩，仅起传递动力的作用
转轴	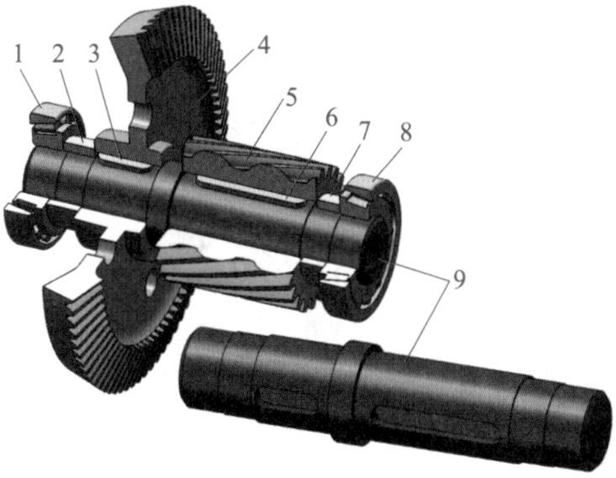 减速器中间轴 1、8—圆锥滚子轴承　2、7—轴套 3、6—键　4—锥齿轮　5—斜齿轮　9—转轴	工作时既承受弯矩又承受扭矩，既起支承作用又起传递动力的作用，是机器中最常用的一种轴

二、轴上零件的固定

轴上零件的固定包括轴向固定和周向固定。轴向固定的目的是保证零件在轴上有确定的轴向位置，防止零件做轴向移动，并能承受轴向力。轴上零件的常见轴向固定方法如图 6-1-1 所示。周向固定的目的是保证轴能够可靠地传递运动和转矩，防止零件与轴产生相对转动。轴上零件的常见周向固定方法如图 6-1-2 所示。

三、轴的结构

如图 6-1-3 所示为某齿轮减速器中的转轴。轴上各段按其作用可分别称为轴颈（配合轴颈和支承轴颈）、轴身、轴头、轴肩和轴环等。用于装配轴承的部分称为轴颈，装配回转零件（如带轮、齿轮）的部分称为轴头，连接轴头与轴颈的部分称为轴身，轴上截面尺寸变化的部分称为轴肩或轴环。

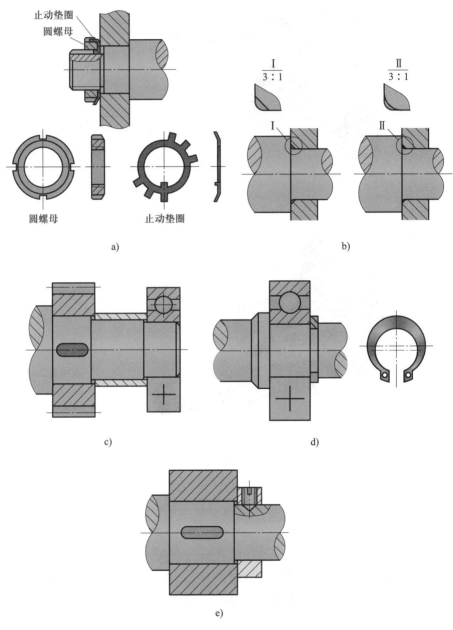

图 6-1-1　轴上零件的常见轴向固定方法

a）圆螺母固定　b）轴肩固定　c）套筒固定　d）弹性挡圈固定　e）紧定螺钉与挡圈固定

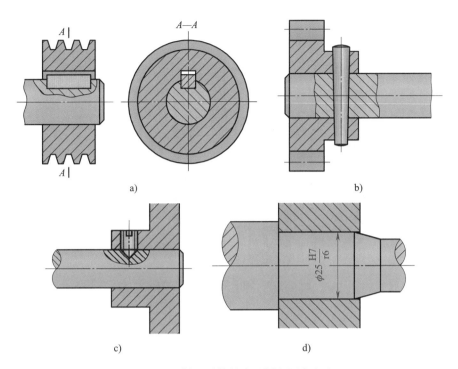

图 6-1-2　轴上零件的常见周向固定方法

a）键连接固定　b）销连接固定　c）紧定螺钉固定　d）过盈配合固定

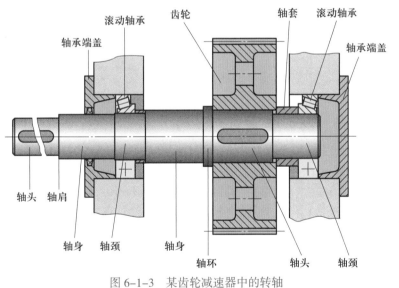

图 6-1-3　某齿轮减速器中的转轴

　　轴的结构工艺性是指轴的结构形式应便于加工，便于轴上零件的装配和使用、维修，并且能提高生产率、降低成本。一般来说，轴的结构越简单，工艺性就越好。所以，在满足使用要求的前提下，轴的结构形式应尽量简化。

　　（1）轴的结构和形状应便于加工、装配和维修。

　　（2）台阶轴的直径应该是中间大、两端小，以便于轴上零件的装拆。轴上常见的工艺结构如图 6-1-4 所示。

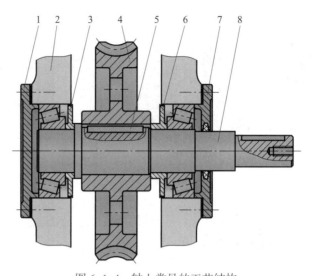

图 6-1-4　轴上常见的工艺结构

1—闷盖　2—箱体　3、6—挡油环　4—蜗轮　5—A 型普通平键　7—透盖　8—轴

（3）轴端、轴颈与轴肩（或轴环）的过渡部位应有倒角或过渡圆角，以便于轴上零件的装拆，避免划伤配合表面，减小应力集中。应尽可能使倒角（或圆角）半径相同，以便于加工。

（4）若轴上需要切制螺纹或进行磨削，应有螺纹退刀槽（图 6-1-5）或砂轮越程槽（图 6-1-6）。

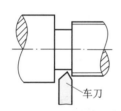

图 6-1-5　螺纹退刀槽

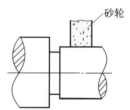

图 6-1-6　砂轮越程槽

（5）当轴上有两个以上键槽时，槽宽应尽可能相同，并布置在同一母线上，以利于加工。

*四、轴的强度计算

对于承受不同载荷的轴，其强度计算的方法也有所不同，其中传动轴按抗扭强度条件计算，心轴按抗弯强度条件计算，转轴按弯扭组合强度条件计算。

1. 传动轴的强度计算

传动轴工作时承受扭矩，轴的抗扭强度取决于轴的材料及其组织状态、轴的形状、截面尺寸、轴所承受的扭矩及其工作状况。

2. 心轴的强度计算

心轴工作时承受弯矩，在一般情况下载荷方向不变，其抗弯强度取决于轴的材料及其组织状态、截面形状与尺寸、轴所承受的弯矩。

3. 转轴的强度计算

转轴工作时同时承受弯矩和扭矩的作用，对一定结构的轴，轴的支点位置及轴上所承受载荷的大小、方向和作用点均已确定，依据已知条件即可求出轴的支承反力，画出弯矩图、扭矩图和合成弯矩图，按弯扭组合强度校核危险截面的轴径。

§6-2 滑动轴承

一、滑动轴承的结构、特点和应用

滑动轴承主要由轴颈、轴瓦、轴承座以及将润滑油送入摩擦表面的润滑与密封装置等组成。用于装轴瓦或轴套的壳体称为滑动轴承座（图6-2-1a），径向滑动轴承中与轴颈相配的圆筒形整体零件称为轴套（图6-2-1b），与轴颈相配的对开式零件称为轴瓦（图6-2-1c）。

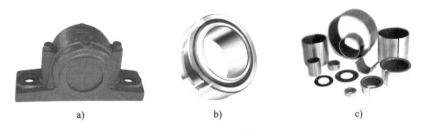

a)   b)   c)

图 6-2-1 滑动轴承
a）滑动轴承座 b）轴套 c）轴瓦

常用滑动轴承的结构、特点和应用见表6-2-1。

表 6-2-1　　　　　　　　　　常用滑动轴承的结构、特点和应用

类型		结构简图	特点和应用
径向滑动轴承	整体式	拆去油杯 油杯 轴瓦 紧定螺钉 轴承座	结构简单，价格低廉，但轴的装拆不方便，磨损后轴承的径向间隙无法调整。适用于轻载、低速或间歇工作的场合

类型		结构简图	特点和应用
径向滑动轴承	剖分式	轴承盖 上轴瓦 下轴瓦 轴承座 拆去轴承盖、螺栓等	装拆方便，磨损后轴承的径向间隙可以调整，应用较广
	调心式	轴承盖 轴瓦 轴承衬 轴承座	轴瓦与轴承盖、轴承座之间为球面接触，轴瓦可以自动调位，以适应轴受力弯曲时轴线产生的倾斜
止推滑动轴承		衬套 出油 止推轴瓦 轴承座 轴 径向轴瓦 销钉 进油	用来承受轴向载荷的滑动轴承称为止推滑动轴承，它靠轴的端面或轴肩、轴环的端面向推力支承面传递轴向载荷

轴 瓦

　　轴瓦有整体式轴瓦（图6-2-2a）和剖分式轴瓦（图6-2-2b）两种，通常整体式滑动轴承采用整体式轴瓦（又称轴套）。轴瓦上制有油孔与油沟（图6-2-2c），以便于给轴承注入润滑油。油沟应开在非承载区，为了使润滑油能均匀地分布在整个轴颈上，油沟应有足够的长度，但不能开通，以免润滑油从轴瓦端部大量流失，一般取轴瓦长度的80%。

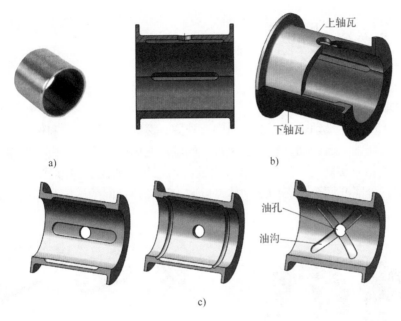

上轴瓦

下轴瓦

a)　　　　　　　　　　　　b)

油孔
油沟

c)

图6-2-2　轴瓦
a）整体式轴瓦　b）剖分式轴瓦　c）油孔与油沟

　　轴瓦的材料应根据轴承的工作情况选择。由于轴承在使用时会产生摩擦、磨损、发热等问题，因此，要求轴承材料具有良好的减磨性、耐磨性和抗胶合性，以及足够的强度、易跑合、易加工等性能。常用的轴瓦材料有轴承合金、铜合金、粉末冶金、铸铁及非金属材料等。

＊二、滑动轴承的失效形式

1. 磨损

　　滑动轴承为滑动摩擦，工作面必会有磨损，如再有灰尘、金属微粒等杂物进入更会使磨损加剧，使轴承失去原有的正确配合精度。

2. 胶合

　　滑动轴承在高速重载时，由于工作面局部温度升高，引起润滑失效，导致轴承两金属表面直接接触且互相熔粘在一起，称为胶合。随着轴承内两接触面的相对滑动，较弱的面就会被撕脱，形成沟痕。

3. 疲劳脱落

疲劳脱落是指轴承负载表面在长时间剪应力作用下形成细小裂痕，然后渐渐延伸到表面，随后出现裂块脱落，形成所谓"剥皮现象"。

4. 腐蚀

轴承合金腐蚀一般是因为润滑油不纯，润滑油中的化学杂质使轴承合金氧化而生成酸性物质，导致轴承合金部分脱落，形成无规则的微小裂孔或小凹坑，使轴承失效。

§6-3 滚动轴承

一、滚动轴承的结构

如图 6-3-1 所示，滚动轴承一般由内圈、外圈、滚动体（滚子）和保持架等组成。内圈装在轴颈上，与轴一起转动。外圈装在机座的轴承孔内固定不动。内、外圈上设置有滚道，当内、外圈相对旋转时，滚动体沿着滚道滚动。常见的滚动体形状如图 6-3-2 所示。保持架的作用是分隔开两个相邻的滚动体，以减少滚动体之间的碰撞和磨损。常见保持架的结构如图 6-3-3 所示。

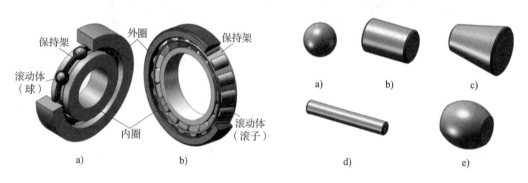

图 6-3-1 滚动轴承
a）球轴承 b）滚子轴承

图 6-3-2 常见的滚动体形状
a）球滚子 b）圆柱滚子 c）圆锥滚子 d）滚针 e）球面滚子

二、滚动轴承的类型、特点和应用

为满足机械各种不同的工况条件要求，滚动轴承有多种不同的类型。常用滚动轴承的类型、特点和应用见表 6-3-1。

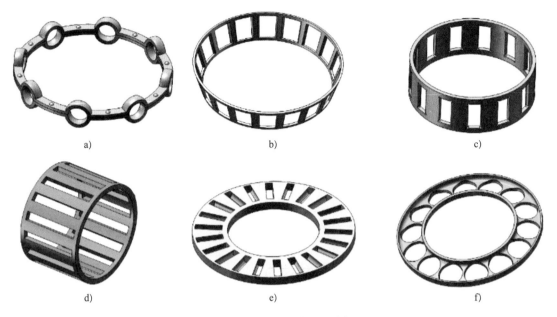

图 6-3-3　常见保持架的结构

a）球滚子用保持架　b）圆锥滚子用保持架　c）圆柱滚子用保持架　d）滚针用保持架
e）推力圆柱滚子轴承用保持架　f）推力球轴承用保持架

表 6-3-1　　　　　　　　　　　　常用滚动轴承的类型、特点和应用

轴承名称	结构图	简图及承载方向	类型代号	特点和应用
调心球轴承			1	主要承受径向载荷，也可承受少量的双向轴向载荷，一般不能承受纯轴向载荷，能够自动调心。特别适用于那些可能产生相当大的轴挠曲或不对中的轴承应用场合
调心滚子轴承			2	与调心球轴承的特性基本相同，除承受径向载荷外，还可承受双向轴向载荷及其联合载荷，承载能力较大，同时具有较好的抗振动、抗冲击能力
推力调心滚子轴承			2	能承受很大的轴向载荷，在承受轴向载荷的同时还可以承受径向载荷，但径向载荷一般不得超过轴向载荷的55%。适用于重载和要求调心性能好的场合

轴承名称	结构图	简图及承载方向	类型代号	特点和应用
圆锥滚子轴承			3	能同时承受较大的径向载荷和轴向载荷。内、外圈可分离，通常成对使用，对称布置安装
双列深沟球轴承			4	主要承受径向载荷，也能承受一定的双向轴向载荷。它比深沟球轴承的承载能力大
推力球轴承	单向		5（5100）	只能承受单向轴向载荷，适用于轴向载荷大而转速不高的场合
	双向		5（5200）	可承受双向轴向载荷，适用于轴向载荷大、转速不高的场合
深沟球轴承			6	主要承受径向载荷，也可同时承受少量双向轴向载荷。摩擦阻力小，极限转速高，结构简单，价格便宜，应用广泛

轴承名称	结构图	简图及承载方向	类型代号	特点和应用
角接触球轴承			7	能同时承受径向载荷与轴向载荷，公称接触角 α 有 15°、25°、40° 三种，接触角越大，承受轴向载荷的能力越大。适用于转速较高，同时承受径向载荷和轴向载荷的场合
推力圆柱滚子轴承			8	能承受很大的单向轴向载荷，承载能力比推力球轴承大得多，不允许有角偏差
圆柱滚子轴承			N	外圈无挡边，只能承受纯径向载荷。与球轴承相比，承受载荷的能力较大，尤其是承受冲击载荷的能力大，但极限转速较低

三、滚动轴承的代号

滚动轴承的类型很多，同一类型的轴承又有各种不同的结构、尺寸、公差等级和技术性能等。例如，较为常用的深沟球轴承在尺寸方面有大小不同的内径、外径和宽度（图 6-3-4a），在结构上有带防尘盖的轴承（图 6-3-4b）和外圈上有止动槽的轴承（图 6-3-4c）等。为了完整地反映滚动轴承的外形尺寸、结构及性能参数，国家标准在轴承代号中规定了各个相应的项目，滚动轴承代号的构成见表 6-3-2。

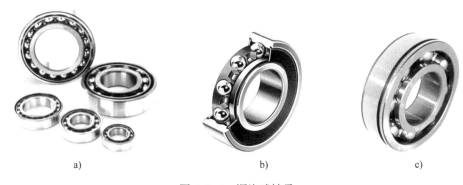

a)   b)   c)

图 6-3-4 深沟球轴承

a）不同尺寸的轴承 b）带防尘盖的轴承 c）外圈上有止动槽的轴承

表 6-3-2 　　　　　　　　　　　　　滚动轴承代号的构成

前置代号	基本代号				后置代号
	轴承系列代号			内径代号	
	类型代号	尺寸系列代号			
		宽度（或高度）系列代号	直径系列代号		

注：国家标准对滚针轴承的基本代号另有规定。

　　滚动轴承代号由基本代号、前置代号和后置代号三部分构成，其中基本代号是滚动轴承代号的核心。

1. 基本代号

　　基本代号表示轴承的基本类型、结构和尺寸，一般由类型代号、尺寸系列代号和内径代号组成。

　　（1）类型代号

　　轴承类型代号用数字或字母表示，具体见表 6-3-3。

表 6-3-3　　　　　　　　　　　　轴承类型代号（摘自 GB/T 272—2017）

类型代号	轴承类型	类型代号	轴承类型
0	双列角接触球轴承	7	角接触球轴承
1	调心球轴承	8	推力圆柱滚子轴承
2	调心滚子轴承和推力调心滚子轴承	N	圆柱滚子轴承
			双列或多列用字母 NN 表示
3	圆锥滚子轴承	U	外球面球轴承
4	双列深沟球轴承	QJ	四点接触球轴承
5	推力球轴承	C	长弧面滚子轴承（圆环轴承）
6	深沟球轴承		

　　（2）尺寸系列代号

　　尺寸系列代号由两位数字组成，前一位数字为宽（高）度系列代号，后一位数字为直径系列代号。

　　1）宽（高）度系列代号。宽（高）度系列代号表示内、外径相同而宽（高）度不同的轴承系列。对于向心轴承用宽度系列代号，代号有 8、0、1、2、3、4、5 和 6，宽度尺寸依次递增；对于推力轴承用高度系列代号，代号有 7、9、1 和 2，高度尺寸依次递增。图 6-3-5 所示为圆锥滚子轴承不同宽度系列的宽度尺寸变化情况。

　　2）直径系列代号。直径系列代号表示内径相同而具有不同外径的轴承系列。代号有

7、8、9、0、1、2、3、4 和 5，其外径尺寸由小到大按顺序排列。图 6-3-6 所示为深沟球轴承不同直径系列的直径尺寸变化情况。

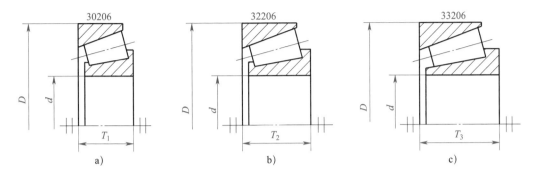

图 6-3-5　圆锥滚子轴承不同宽度系列的宽度尺寸变化情况

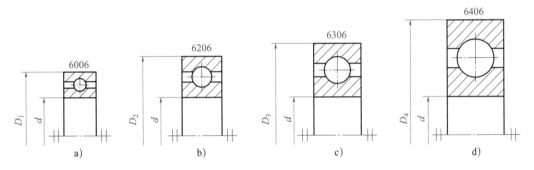

图 6-3-6　深沟球轴承不同直径系列的直径尺寸变化情况

（3）内径代号

轴承内径代号一般用两位数字表示，并紧接在尺寸系列代号之后注写。内径 $d \geqslant 10$ mm 的滚动轴承内径代号见表 6-3-4。

表 6-3-4　　　　　内径 $d \geqslant 10$ mm 的滚动轴承内径代号（摘自 GB/T 272—2017）

内径代号（两位数字）	00	01	02	03
轴承内径 /mm	10	12	15	17

注：内径为 22、28、32 以及大于或等于 500 mm 的轴承，内径代号直接用内径毫米数表示，但标注时与尺寸系列代号之间要用"/"分开。例如，深沟球轴承 62/22 的内径为 $d=22$ mm。

2. 前置代号和后置代号

前置代号和后置代号是轴承代号的补充，只有在轴承的结构形状、尺寸、公差、技术要求等有所改变时才使用，一般情况下可部分或全部省略，其详细内容请查阅《滚动轴承　代号方法》（GB/T 272—2017）等。

3. 滚动轴承代号示例

滚动轴承代号示例如下：

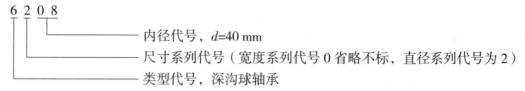

内径代号，*d*=40 mm

尺寸系列代号（宽度系列代号 0 省略不标，直径系列代号为 2）

类型代号，深沟球轴承

（游隙为 N 组，省略不标；公差等级为普通级，省略不标）

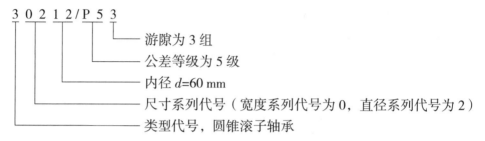

游隙为 3 组

公差等级为 5 级

内径 *d*=60 mm

尺寸系列代号（宽度系列代号为 0，直径系列代号为 2）

类型代号，圆锥滚子轴承

四、滚动轴承的选用原则

1. 载荷的类型

机器中的转动零件通常要由轴和轴承来支承。作用在轴承上的载荷按方向不同有沿半径方向作用的径向载荷，有沿轴线方向作用的轴向载荷，以及同时有径向、轴向作用的联合载荷。

2. 滚动轴承类型的基本选用原则

各类滚动轴承有不同的特性，因此选择滚动轴承类型时，必须根据轴承实际工作情况合理选择，一般应考虑的因素包括轴承所受载荷的大小、方向和性质，轴承的转速以及调心性能要求。滚动轴承类型的基本选用原则及应用举例见表 6-3-5。

表 6-3-5　　　　　　　　　　滚动轴承类型的基本选用原则及应用举例

基本选用原则	应用举例	选用轴承类型示例
以承受径向载荷为主，轴向载荷较小，转速高，运转平稳且无其他特殊要求	小功率电动机、变速箱、机床齿轮箱及一般机械等	深沟球轴承
只承受纯径向载荷，转速低，载荷较大或有冲击	大功率电动机、机床主轴等	圆柱滚子轴承

基本选用原则	应用举例	选用轴承类型示例
只承受纯轴向载荷	立式离心泵、起重机吊具、机床主轴等	推力球轴承 或 推力圆柱滚子轴承
同时承受较大的径向和轴向载荷	中、大功率的蜗杆减速器，汽车传动轴等	角接触球轴承 或 圆锥滚子轴承
同时承受较大的径向和轴向载荷，且承受的轴向载荷比径向载荷大很多	机床进给传动丝杠、钻床主轴等	推力球轴承与深沟球轴承的组合
两轴承座孔存在较大的同轴度误差或轴的刚度低，工作中弯曲变形较大	纺织、钢铁、矿山、造纸、船舶、农业机械等	调心球轴承 或 调心滚子轴承

此外，还应考虑经济性因素的影响。球轴承较滚子轴承便宜，调心滚子轴承最贵；同型号的轴承精度等级越高，其价格越贵。

一、实训任务

如图 6-4-1 所示为减速器的大齿轮轴，它主要由轴、轴承、齿轮、挡油环、垫圈等组成。本次实训任务是对其进行拆装。通过对大齿轮轴的拆装，进一步掌握轴的结构、轴承的结构以及轴承的拆装方法。

二、任务准备

1. 工具准备

由于轴上有螺栓及轴承，因此需准备一套呆扳手以及为拆装轴承准备的锤子及铜棒。

2. 知识准备

灰尘对于所有轴承都是有害的，当轴承损坏需更换时，只有在安装的所有准备工作都完成时，才能拆开轴承包装。建议使用汽油或苯作为轴承清洗液。用压缩空气吹掉灰尘。煤油或柴油也可以用作清洗液。但若单用这些油，会使极细小的灰尘落入轴承，且很难清除。

安装深沟球轴承时，应特别注意安装位置，要装正确，以减小两端面间的过量间隙，否则轴承在使用中会过早磨损。

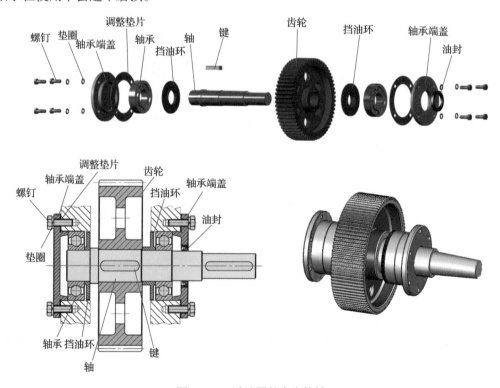

图 6-4-1　减速器的大齿轮轴

三、任务实施

轴承主要用来支承轴的旋转，所以在拆装轴承时不能让滚动体承受载荷。如果轴承与轴配合，在拆装时应当让内圈受力，如图 6-4-2a 所示；如果轴承与孔配合，拆装时应当让外圈受力，如图 6-4-2b 所示。为了延长轴承的使用寿命，在将其安装到机器中时，有时会在内圈与外圈之间加装一个防尘盖。

图 6-4-2　轴承的拆装方法

a）轴承与轴配合的拆装　b）轴承与孔配合的拆装

四、学生反馈表（表 6-4-1）

表 6-4-1　　　　　　　　　　　　　　学生反馈表

序号	内容	答案（总结）
1	观察轴的结构及轴上零件，说出每个零件的名称及作用	
2	观察轴承的结构，写出所拆装轴承的型号并加以解释	
3	写出齿轮轴的拆装步骤	

第7章

机械的润滑、密封与安全防护

§7-1　机械润滑

机械中的可动零部件在压力下接触而做相对运动时，其接触表面间就会产生摩擦，造成能量损耗和机械磨损，影响机械的运动精度和使用寿命。因此，在机械传动中，降低摩擦、减轻磨损是需要考虑的非常重要的问题，其措施之一就是润滑。

一、润滑剂的种类、性能及选用原则

常用的润滑剂包括润滑油、润滑脂、固体润滑剂和气体润滑剂等，其性能及选用原则见表 7-1-1。其中，润滑油和润滑脂应用较为广泛。

表 7-1-1　　　　　　　　　　　　润滑剂的性能及选用原则

种类	性能	指标	选用原则
润滑油	流动性好，内摩擦因数小，冷却作用较好，易从箱体内流出，故常需采用结构比较复杂的密封装置，且需经常加油	黏度、油性、闪点、凝点和倾点	载荷大或变载、冲击载荷、加工粗糙或未经跑合的表面，选黏度较高的润滑油；转速高时，为减少润滑油内部的摩擦损耗，或采用循环润滑、芯捻润滑等场合，宜选用黏度低的润滑油；工作温度高时，宜选用黏度高的润滑油

种类	性能	指标	选用原则
润滑脂（黄油或干油）	油膜强度高，黏附性好，不易流失，密封简单，使用时间长，受温度的影响小，对载荷性质、运动速度的变化等有较大的适应范围。缺点是内摩擦大，启动阻力大，流动性和散热性差，更换、清洗时需停机拆开机器	滴点、锥入度	润滑脂主要有钙基润滑脂、钠基润滑脂、锂基润滑脂、铝基润滑脂等类型。选用润滑脂的类型主要是依据被润滑零件的工作温度、工作速度和工作环境条件等
固体润滑剂	利用固体粉末、薄膜或整体材料来减少做相对运动两表面间的摩擦与磨损并保护表面免于损伤。固体润滑剂能与摩擦表面牢固地贴合，有保护表面的功能；抗剪强度较低；稳定性好，不产生腐蚀及其他有害的作用；承载能力较强	导入性、压实性	常用的有石墨、二硫化钼（MoS_2）、聚四氟乙烯和尼龙等。由于固体润滑剂不能像润滑油那样可以把摩擦界面上的摩擦热导出，而且在使用过程中很难补充，因此在选用时应根据固体润滑剂的特点，考虑采取相应的补救措施
气体润滑剂	一般采用高压空气、蒸汽或惰性气体（氮气、氦气等）作为润滑剂将摩擦表面隔开。优点是摩擦因数极小，几乎接近于零，且气体的黏度不受温度影响，因而气体润滑剂润滑的轴承阻力小、精度高	温度、压力	常用的有高压空气，多用于高速及不能用润滑油或润滑脂的地方。气体润滑剂可在比润滑油、润滑脂更高或更低的温度条件下使用，如航空用的惯性陀螺仪轴承、高速磨头的轴承等

在机械中加入润滑剂，主要起以下作用。

1. 润滑作用

在两个摩擦表面之间形成一层油膜，从而降低摩擦阻力。

2. 冷却作用

润滑油的流动将机械摩擦中产生的热量带走，从而使零件工作温度不致过高。

3. 洗涤作用

润滑油的流动将摩擦表面上的脏物冲走。

此外，润滑剂还能起到防锈、封闭、缓冲和防振的作用等。

二、机械常用润滑剂和润滑方法

1. 机械常用润滑油及其润滑方法

（1）机械常用润滑油

润滑油中使用最广泛的是矿物油。国产润滑油的品名、牌号大部分按照使用机具的名称来确定。例如，汽油、机油用在汽车的汽油发动机上。一般机械上用的润滑油称为全损耗系统用油。在润滑油品名前注有数字符号，表示同品名的不同黏度。例如，全损耗系统用油号数有 L-AN5、L-AN7、L-AN10、L-AN15、L-AN22 等，数字越大，黏度就越大。

（2）润滑方法

润滑方法是指将润滑剂按规定要求送往各润滑点的方法。润滑装置是为实现润滑剂按确定润滑方式供给而采用的各种零部件及设备。润滑油润滑方法有手工给油润滑和连续供油润滑两种。

1）手工给油润滑。手工给油润滑就是定期向润滑部位供给润滑油的润滑方法。润滑装置主要有手工旋套式油杯（图 7-1-2）和手工压注式油杯（图 7-1-3）等。

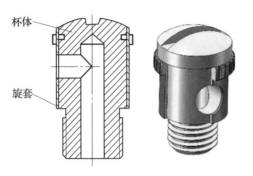

杯体

旋套

图 7-1-2   手工旋套式油杯

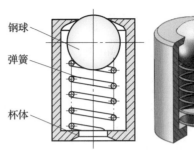

钢球

弹簧

杯体

图 7-1-3   手工压注式油杯

2）连续供油润滑。连续供油润滑就是能够连续不断地向润滑部位供给润滑油的润滑方法。常见的连续供油方法有滴油润滑、浸油润滑、飞溅润滑、喷油润滑、油雾润滑等。

常用连续供油润滑方法见表 7-1-2。

表 7-1-2   常用连续供油润滑方法

润滑方法	说明	图示
滴油润滑	依靠油的自重向润滑部位滴油，构造简单，使用方便；缺点是滴油量不易控制，机械的振动、温度的变化和液面的高低都会改变滴油量	
油绳、油垫润滑	将油绳、油垫或泡沫塑料等浸在油中，利用毛细管的虹吸作用供油。油绳和油垫本身可起到过滤作用，能使油保持清洁而且是连续均匀的。缺点是油量不易调节，还要注意油绳不能与运动表面接触，以免被卷入摩擦面间。适用于低、中速机械	

润滑方法	说明	图示
浸油润滑和飞溅润滑	润滑部位浸入油池的润滑称为浸油润滑。利用浸入油池中的高速旋转的零件或依靠附加的零件，将油池中的油溅散成飞沫向摩擦部位供油称为飞溅润滑。常用于密封的箱体内，如齿轮箱和减速器等	
油雾润滑	利用压缩空气将油雾化，再经喷嘴喷射到所润滑表面。有较好的冷却效果。缺点是排出的空气中含有油雾粒子，会造成污染。多用于高速滚动轴承及封闭的齿轮、链条等	

2. 机械常用润滑脂及其润滑方法

（1）机械常用润滑脂

与润滑油相比，润滑脂的流动性、冷却效果都较差，杂质也不易去除，因此润滑脂多用于低、中速机械。机械常用润滑脂的品类很多，如钙基（皂）润滑脂和钠基（皂）润滑脂等。

1）钙基（皂）润滑脂（俗称牛油、黄油）。该润滑脂用途最广，适用于工作温度不高、潮湿的金属摩擦件，如水泵轴承等。

2）钠基（皂）润滑脂。其耐热性好，但不耐水。常用于高温重负荷处，如机车大轴轴承。

此外，机械常用润滑脂还有锂基（皂）润滑脂、铝基润滑脂、石墨润滑脂等，可根据零件的工作条件选用。

（2）润滑方法

1）手工润滑方法。它是利用注脂枪把润滑脂从注油孔注入或者直接手工填入润滑部位的方法，属于压力润滑方法。其常用于高速运转而又不需要经常补充润滑脂的部位。

2）滴下润滑方法。它是将润滑脂装在脂杯里，向润滑部位滴下润滑脂进行润滑的方法。

3）集中润滑方法。它是由脂泵将脂罐里的润滑脂输送到各管道，再经分配阀将润滑脂定时、定量地分送到各润滑点的方法。

*三、典型零部件的润滑方法

1. 齿轮传动机构的润滑

（1）闭式齿轮传动机构的润滑

齿轮的圆周速度 $v<0.8$ m/s（轻载闭式齿轮传动）时，一般采用润滑脂润滑，否则应采用润滑油润滑。用润滑油的润滑方法主要是浸油润滑、飞溅润滑和压力润滑等。

（2）开式、半开式齿轮传动机构的润滑

开式齿轮传动机构一般速度较低、载荷较大、接触灰尘和水分、工作条件差且油易流失。为维持润滑油膜，应采用黏度很高、防锈性好的开式齿轮油。速度不高的开式齿轮也可采用脂润滑。开式齿轮传动机构的润滑可用手工润滑、滴油润滑、浸油润滑、飞溅润滑等方法。

2. 滚动轴承的润滑

滚动轴承可采用润滑油润滑或润滑脂润滑。润滑方法可按轴承类型与 dn 值（轴承内径 d 与转速 n 的乘积）选取。当 dn 值较高时，使用润滑油润滑，润滑装置可采用压力润滑装置和油雾润滑装置等；当 dn 值较小时，采用润滑脂润滑。

3. 滑动轴承的润滑

滑动轴承的润滑方法可根据系数 k 选择：

$$k = \sqrt{pv^3}$$

式中　p——轴承的平均压强，MPa；

　　　v——轴颈线速度，m/s。

滑动轴承润滑方法的选择见表 7–1–3。

表 7–1–3　　　　　　　　　　　　　　滑动轴承润滑方法的选择

k	≤2	2~16	16~32	≥32
润滑剂	润滑脂	润滑油		
润滑方法	手工润滑（手工旋套式油杯、手工压注式油杯）	滴油润滑，油绳、油垫润滑	油环润滑、浸油润滑、飞溅润滑	压力润滑、油雾润滑

4. 链传动机构的润滑

链传动机构的润滑至关重要。合适的润滑能显著降低链条铰链的磨损，延长其使用寿命。

链传动机构的润滑方法可根据图 7–1–4 选取。通常有四种润滑方法：Ⅰ——手工润滑，人工定期用油壶或油刷给油；Ⅱ——滴油润滑，用油杯通过油管向松边内、外链板间隙处滴油；Ⅲ——浸油润滑或飞溅润滑，采用密封的传动箱体，前者链条及链轮一部分浸入油中，后者采用直径较大的甩油盘溅油；Ⅳ——压力润滑或油雾润滑，用油泵经油管向链条连续供油，循环油可起润滑和冷却的作用。

链传动机构使用的润滑油的运动黏度在运转温度下为 20~40 mm²/s。只有在转速很慢又无法供油的地方才可以用润滑脂代替。

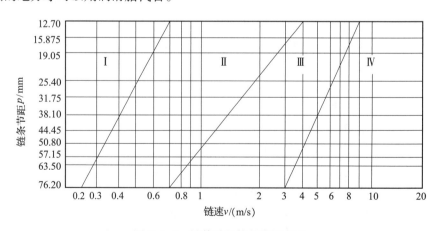

图 7–1–4　链传动机构的润滑方法

Ⅰ——手工润滑　Ⅱ——滴油润滑　Ⅲ——浸油润滑或飞溅润滑　Ⅳ——压力润滑或油雾润滑

车 床 润 滑

　　要使车床保持正常运转和减少磨损，必须经常对车床的所有摩擦部分（包括各个导轨面、轴承、齿轮等）进行润滑。车床上常见的润滑方法有：浇油润滑，即车床外露的滑动表面擦干净后，用油壶浇油润滑，如图 7-1-5a 所示；溅油润滑，即利用齿轮的转动把润滑油飞溅到各处进行润滑；弹子油杯润滑，即用油嘴把弹子压下，滴入润滑油，如图 7-1-5b 所示；黄油杯润滑，即在黄油杯中装满工业润滑脂，旋转油杯盖时，润滑脂就会被挤入轴承套内等需要润滑的部位。

a)

b)

图 7-1-5　车床润滑
a）浇油润滑　b）弹子油杯润滑

§7-2　机械密封

　　观察家里的门窗和冰箱（图 7-2-1），想一想，它们是如何实现密封的？良好的密封对我们的生活有什么意义？

图 7-2-1　门窗和冰箱

机械密封装置的主要作用是阻止液体、气体工作介质以及润滑剂泄漏，防止灰尘、水分及其他杂质进入润滑部位。

密封一般分为静密封和动密封两大类。两个相对静止的接合面之间的密封称为静密封，两个具有相对运动的接合面之间的密封称为动密封。所有的静密封和大部分动密封都是借助密封力使密封面互相靠近或嵌入以减小或消除间隙，从而达到密封的目的，这类密封方法称为接触式密封。密封面间预留固定间隙，依靠各种方法减小密封间隙两侧的压力差而阻漏的密封方法，称为非接触式密封。

一、静密封

静密封只要求接合面间有连续闭合的压力区，没有相对运动，因此没有因密封件而带来的摩擦、磨损问题。常见的静密封方法有以下几种。

1. 研磨面密封

这是最简单的静密封方法，要求将接合面研磨加工得平整、光洁，并在压力下贴紧。但是当加工要求高，密封要求高时，这种方法的密封效果不理想。

2. 垫片密封

这是较普遍的静密封方法。它是在接合面间加垫片，并在压力下使垫片产生弹性或塑性变形，从而填满密封面上的不平，消除间隙，以达到密封的目的。在常温、低压、采用普通介质工作时，可用纸、橡胶等垫片；在高压及特殊高温和低温场合，可用聚四氟乙烯垫片；一般高温、高压条件下，可用金属垫片。

3. 密封胶密封

在接合面上涂密封胶是一种简便的静密封方法。密封胶有一定的流动性，容易充满接合面的间隙，其黏附在金属面上能大大减少泄漏，即使在较粗糙的表面上密封效果也很好。

4. 密封圈密封

在接合面上开密封圈槽，装入密封圈，利用其在接合面间形成严密的压力区来达到密封的目的。这种方法的密封效果很好。

二、动密封

由于动密封的两个接合面之间具有相对运动，因此选择动密封件时，既要考虑密封性能，又要避免或减少由于密封件而带来的摩擦发热和磨损，以保证一定的使用寿命。回转轴的动密封方法有接触式、非接触式和组合式三种类型，见表7-2-1。

表7-2-1   回转轴的动密封方法

密封类型		图例	润滑方法和适用场合	说明
接触式密封	毛毡圈密封		采用润滑脂润滑。要求环境清洁，轴颈圆周速度不大于 5 m/s，工作温度不高于 90 ℃	矩形断面的毛毡圈被安装在梯形槽内，它对轴产生一定的压力而起到密封作用

密封类型		图例	润滑方法和适用场合	说明
接触式密封	唇形密封圈密封		采用润滑脂或润滑油润滑。轴颈圆周速度小于7 m/s，工作温度不高于100 ℃	唇形密封圈是标准件。密封唇朝里，目的是防漏油；密封唇朝外，可防止灰尘、杂质进入
非接触式密封	间隙密封		采用润滑脂润滑。要求环境干燥、清洁	靠轴与轴承盖间的细小环形间隙密封，间隙越小、越长，效果越好，间隙一般为0.1～0.3 mm
	迷宫密封		采用润滑脂或润滑油润滑。密封效果可靠	将旋转件与静止件之间的间隙做成迷宫形式，在间隙中填充润滑油或润滑脂以加强密封效果
组合式密封			采用润滑脂或润滑油润滑	这是组合式密封的一种形式——毛毡加迷宫，可充分发挥各自优点，增强密封效果

§7-3　机械安全防护

观察思考

　　在生产现场应注意安全文明生产（图7-3-1）。上海某金属钢结构厂一名车工在用卧式车床加工辊道过程中，工作服被卷入车床，身体也随即被拖入车床，颈部被割伤，当场身亡。

　　观察生产实习车间并查阅生产企业的安全操作规程，说说自己的体会。

图 7-3-1　安全文明生产

在日常的生产工作中，安全问题有时会被人们所忽视，然而，对长期工作在机械加工等工程场地的人员来说，不注意生产中的安全防护会带来极严重的后果。一次意外事故可能会缩短个人的职业生涯甚至断送生命，给自己和家人带来极大的痛苦。

＊一、机械噪声的形成和防护措施

1. 机械噪声的形成

机械噪声是伴随着机械振动而产生的，主要有以下几种：

（1）回转运动平衡失调引起振动而产生的噪声，如各种螺旋桨、叶轮，以及切割、钻孔、搅拌等工具作用时产生的噪声。

（2）往复运动惯性力冲击引起振动而产生的噪声，如气缸的活塞、曲柄轴的组合运动，刨床、磨床刀具的切削运动等产生的噪声。

（3）撞击引起振动而辐射的噪声，如打桩、破碎、球磨、振捣等机械撞击产生的噪声。

（4）接触摩擦引起振动而辐射的噪声，如齿轮在旋转时产生摩擦引起振动而产生噪声。

（5）振动传递引起机架、机罩、机座、管道等振动而辐射的噪声。有的振动源本身虽然并不产生噪声，但把振动传递给质量轻、辐射面积大或连接松动的部件，却可产生较强的噪声。

2. 机械噪声的防护措施

噪声是机械制造工业中造成职业病危害的重要因素之一，应加以有效控制和防护。一定时间、一定强度的噪声会对听力造成永久性损伤。在工业企业中，如果环境噪声持续在 85 dB 及以上，一般会对人的听力甚至身体健康造成比较大的损害。

防护措施：一方面可通过改进声源设备的结构，提高部件的加工精度和装配质量，采用合理的操作方法等降低声源的噪声发射功率；另一方面可利用声的吸收、反射、干涉等特性，采用吸声、隔声、减振、隔振等技术，以及安装消声器等，控制声源的噪声辐射。例如，在噪声环境下短期工作，噪声超过 115 dB 时必须戴上听力保护装置（图 7-3-2）。

二、机械传动装置中的危险零部件

操作人员易于接近的各种可动零部件都是机械的危险部位，机械加工设备的加工区也是危险部位。常见的危险零部件主要有：旋转轴、传动部件（如啮合的齿轮）、不连续的旋转零件（如风机叶片）、带与带轮、链与链轮、旋转的砂轮（图 7-3-3）、飞轮、往复式冲压工具（如冲头和模具）、蜗轮和蜗杆、旋转的刀具、旋转的曲轴和曲柄、旋转运动部件的凸出物（如键、定位螺钉）等。

图 7-3-2　听力保护装置

图 7-3-3　旋转的砂轮

三、机械伤害的成因及防护措施

1. 机械伤害的成因

（1）物的不安全状态

机械设备的质量、技术、性能上的缺陷以及在制造、维护、保养、使用、管理等诸多环节上存在的不足，是导致机械伤害的直接原因之一。

（2）人的不安全行为

人的不安全行为是造成机械伤害的又一直接原因，具体表现为：

1）操作失误，忽视安全警告，缺乏应有的安全意识和自我防护意识，思想麻痹，违章指挥，违章作业，违反操作规程。

2）操作人员野蛮操作，导致机器设备的安全装置失效或失灵，造成设备本身处于不安全状态。

3）手工代替工具操作或冒险进入危险场所、区域。

4）机械运转时加油、维修、清扫，或进入危险区域进行检查、安装、调试，虽关停了设备，但未开启限位或保险装置，又无他人在场监护，将身体置于他人可启动设备的危险之中。

5）操作者未使用或佩戴个人防护用品等。

2. 防护措施

（1）眼睛的防护

机床在加工工件时，产生的金属切屑常常会以很高的速度从刀具上飞出，这些切屑可能会弹得很远，稍不留神就可能导致周围人的眼睛受伤。因此，在机械加工车间工作时应佩戴防护眼镜。大多数情况下，可以选用普通的平光镜，进行磨削操作时必须佩戴有防护罩的防护眼镜（图7-3-4），防止飞溅的磨削颗粒从侧面打进眼睛。

（2）听力的防护

听力的防护就是要避免机械噪声对人的听力造成损伤。

（3）着装、服饰与头发的防护

在机械加工车间工作时，应当按照车间要求正确着装。工作时，应戴上工作帽，以免头发被机器卷入（图7-3-5），否则将会发生灾难性事故。

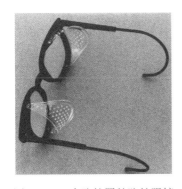

图7-3-4 有防护罩的防护眼镜

图7-3-5 头发被机器卷入

（4）脚部的防护

在机械加工车间里生产作业时要避免工件落在脚上而造成伤害。同时，要注意地面上可能会有尖利的金属切屑。进入机械加工车间时，最好穿坚实的劳保鞋。

（5）手部的防护

除了眼睛，手是身体直接参与工作的最重要的部分，保护好手就是保护好自己的未来。在生产过程中，不要用手直接接触机床上的金属切屑，应使用钩子清除。因为切屑不仅十分锋利，而且刚被切削下来时温度很高。此外，还应注意不要用布去擦除切屑，否则会使切屑嵌入布中而易扎伤手；如果不小心，布还会被卷进转动的机器里而造成伤害。

操作机床时严禁戴手套。一旦手套被运动着的机床部件剐住，手就有被卷进机床的风险。

各种切削液和溶剂对人的皮肤有刺激作用，人经常接触这些物品可能会引起皮疹或感染。所以应尽量少接触这些液体，如果无法避免，接触后要尽快洗手。

（6）严禁在车间打闹

车间不是打闹、玩耍的场所，一些不经意的玩笑可能会给人带来严重的伤害。

（7）受伤后的处理

如果在车间不慎受伤，应在第一时间救治。

第 8 章

液压传动与气压传动

§8-1　液压传动与气压传动的工作原理

观察思考

　　给汽车换胎时，用液压千斤顶轻轻地压几下，就可以把汽车抬起，如图 8-1-1 所示。想一想，液压千斤顶是如何把汽车顶起来的？特别是小小的压力是如何变成顶起汽车这么大的力的？

图 8-1-1　用液压千斤顶把汽车抬起

一、液压传动

1. 液压传动的基本原理

　　液压千斤顶（见图 8-1-2）是在生产、生活中经常用到的小型起重装置，常用于顶升重物。它是一种非常典型的液压传动设备，它利用活塞、缸体等元件，通过液压油（油液）将机械能转换为液压能（压力能），再转换为机械能。液压千斤顶的工作原理如图 8-1-3 所示。大缸体 8 和大活塞 9 组成举升液压缸，杠杆手柄 1、小缸体 2、小活塞 3、单向阀 4 和单向阀 7 等组成手动液压泵。液压千斤顶的工作过程如下。

　　（1）液压泵吸油

　　当提起杠杆手柄 1 使小活塞 3 向上移动时，小活塞下端油腔容积增大，形成局部真空，这时单向阀 4 打开，通过吸油管 5 从油箱 12 中吸油。

图 8-1-2　液压千斤顶

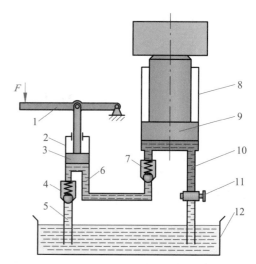

图 8-1-3　液压千斤顶的工作原理

1—杠杆手柄　2—小缸体　3—小活塞　4、7—单向阀　5—吸油管
6、10—管道　8—大缸体　9—大活塞　11—截止阀　12—油箱

（2）液压泵压油

当用力压下杠杆手柄 1 时，小活塞 3 下移，小缸体 2 的下腔压力升高，单向阀 4 关闭，单向阀 7 打开，小缸体 2 下腔的油液经管道 6 输入大缸体 8 的下腔，迫使大活塞 9 向上移动，顶起重物。

再次提起杠杆手柄 1 吸油时，单向阀 7 关闭，使大缸体 8 中的油液不能倒流。不断往复扳动杠杆手柄 1，就能不断地从油箱 12 中吸油并将其压入大缸体 8 的下腔，使重物逐渐升起。

（3）液压缸泄油

打开截止阀 11，大缸体下腔的油液通过管道 10、截止阀 11 流回油箱。大活塞 9 在重物和自重的作用下向下移动，回到原位。

通过以上分析，可总结出液压传动的工作原理：液压传动以液压油为工作介质，通过动力元件（液压泵）将原动机的机械能转换为液压油的压力能；再通过控制元件，借助执行元件（液压缸或液压马达）将压力能转换为机械能，驱动负载实现直线或旋转运动；通过控制元件对压力和流量的调节，可以调节执行元件的力和速度。

2. 液压系统的组成

液压系统由动力部分、执行部分、控制部分、辅助部分和工作介质五部分组成。

（1）动力部分

动力部分将原动机输出的机械能转换为油液的压力能。动力元件为液压泵。在图 8-1-3 所示液压千斤顶中，由单向阀 4 和 7、小活塞 3、小缸体 2、杠杆手柄 1 等组成的手动液压泵为动力元件。

（2）执行部分

执行部分将液压泵输入的油液压力能转换为带动机构工作的机械能。执行元件有液压缸和液压马达。在图 8-1-3 所示液压千斤顶中，由大活塞 8 和大缸体 9 组成的液压缸为执行元件。

（3）控制部分

控制部分用来控制和调节油液的压力、流量和流动方向。控制元件为各种液压控制阀，如压力控制阀、流量控制阀和方向控制阀等。在图 8-1-3 所示液压千斤顶中，截止阀 11 为控制元件。

（4）辅助部分

辅助部分与动力部分、执行部分、控制部分一起组成一个系统，起储油、过滤、测量和密封等作用，以保证系统正常工作。辅助元件有油箱、过滤器、蓄能器、管路、管接头、密封件及控制仪表等。在图 8-1-3 所示液压千斤顶中，吸油管 5、油箱 12 等为辅助元件。

（5）工作介质

液压系统的工作介质是指传递能量的液体介质，即各种液压油。

3. 液压元件的图形符号与液压系统回路图

图 8-1-3 所示液压千斤顶的工作原理图直观性强，容易理解，但绘制起来比较麻烦，系统中元件数量多时绘制更加不便，为了简化原理图的绘制，系统中各元件可用图形符号表示，如图 8-1-4 所示。这些符号只表示元件的职能（即功能）、控制方式以及外部连接口，不表示元件的具体结构、参数以及连接口的实际位置和元件的安装位置。国家标准《流体传动系统及元件 图形符号和回路图 第 1 部分：图形符号》（GB/T 786.1—2021）对液压元件的图形符号做了具体规定。这种用图形符号表达液压系统工作原理的示意图称为液压回路图，又称为液压系统图。

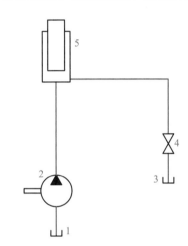

图 8-1-4 液压千斤顶液压回路图
1、3—油箱 2—液压泵 4—截止阀 5—液压缸

4. 液压传动的应用特点

（1）液压传动的优点

1）传动平稳。油液有吸振能力，在油路中还可以设置液压缓冲装置。

2）质量小，体积小。在输出同样功率的条件下，液压传动设备的体积和质量与机械传动相比要小很多，因此惯性小、动作灵敏。

3）承载能力强。液压传动易于获得很大的力和转矩，因此广泛用于压力机、隧道掘进机、万吨轮船舵机和万吨水压机等。

4）易实现无级调速。液压传动可实现液体流量的无级调速。调速范围很大，最高可达 2 000∶1，容易获得极低的速度。

5）易实现过载保护。液压系统中较易设置安全保护装置，能够自动防止过载，避免发生事故。

6）能自润滑。由于采用液压油作为工作介质，液压传动装置能够自润滑，因此液压元件的使用寿命较长。

7）易实现复杂动作。液体的压力、流量和方向较容易实现控制，再配合电气控制装置，易实现复杂的自动工作循环。此外，液压传动便于采用电液联合控制以用于自动化生产。

8）液压元件已实现系列化、标准化和通用化。

（2）液压传动的缺点

1）制造精度要求高。液压元件的技术要求高，对加工和装配的要求较高，对使用和维护的要求比较严格。

2）定比传动困难。液压传动以液压油作为工作介质，在相对运动表面间不可避免地存在泄漏，因此不宜应用在传动比要求严格的场合。

3）油液受温度的影响大。由于油液的黏度随温度的改变而改变，故不宜应用在高温或低温的工作环境中。

4）不宜远距离输送动力。由于采用油管传输液压油，压力损失较大，故不宜远距离输送动力。

5）油液中的空气影响工作性能。液压系统在工作时，油液中易混入空气，从而影响工作性能。如容易引起爬行、振动和噪声，使系统的工作性能受到影响。

6）油液容易被污染。油液被污染后会影响系统工作的可靠性。

7）发生故障不容易排查与排除。液压系统是一个整体，发生故障后很难找到故障点，只能逐一排查。

5. 液压系统的基本参数

（1）压力

液压传动是以液体作为工作介质进行能量转换的，压力是液压传动中最基本、最重要的参数之一。

液压传动中所说的压力一般是指液体的静压力，即液体在静止时的压力。静止液体的质点间没有相对运动，也就不存在摩擦力，故静止液体表面只有法向力。在液压传动中，由于油液的自重而产生的压力一般很小，可忽略不计。所以，液压系统的压力是指液体在单位面积上所受的法向作用力，用 p 表示，即

$$p=F/A$$

式中　p——压力，N/m^2 或 Pa，$1\ Pa=1\ N/m^2$；

　　　F——法向力，N；

　　　A——受力面积，m^2。

（2）流量和流速

1）流量。液压传动是依靠流动的有压液体来传递动力的，单位时间内流过某一通道截面的液体体积称为流量。通常所说的流量是指平均流量，用 q_v 表示。即

$$q_v=V/t$$

式中　q_v——平均流量，m^3/s 或 L/min，$1\ m^3/s=6\times10^4\ L/min$；

　　　V——流过截面的液体体积，m^3；

　　　t——液体流过的时间，s。

2）流速。流速是指液体流质点在单位时间内所移动的距离。由于黏性的作用，管道内同一截面上各点的流速不同，一般以平均流速作为管道流速。平均流速和平均流量的关系为

$$v=q_v/A$$

式中　v——平均流速，m/s；

　　　q_v——平均流量，m^3/s；

　　　A——流通截面积，m^2。

液体的可压缩性很小，一般情况下，可以认为液压油不可压缩。因此，液压油在无分支管路中，通过每一截面的流量都是相等的。

二、气压传动

1. 气压传动的工作原理及组成

气压传动技术在机械加工设备上应用非常广泛，气动夹具在各种切削机床上被广泛应用。图 8-1-5 所示为数控铣床上使用的气动平口钳传动系统，气缸的活塞杆伸出时气动平口钳夹紧工件，活塞杆缩回时松开工件。该系统由空气压缩机、气动三联件（包括手动排水过滤器、带压力表的减压阀和油雾器）、旋钮式二位三通换向阀、单气控二位五通换向阀和气缸等组成。

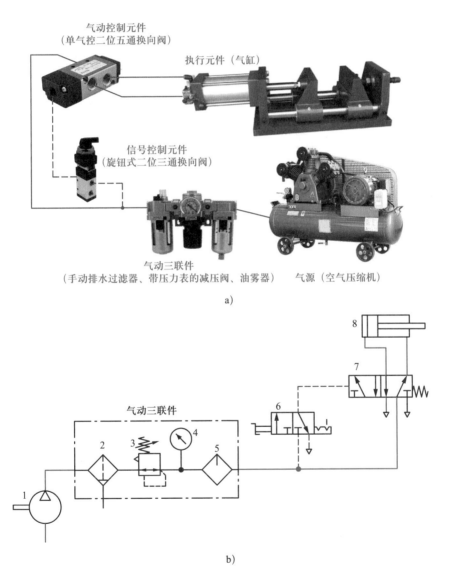

图 8-1-5　数控铣床上使用的气动平口钳传动系统

a）设备组成图　b）气动回路图

1—空气压缩机　2—手动排水过滤器　3—减压阀　4—压力表　5—油雾器
6—旋钮式二位三通换向阀　7—单气控二位五通换向阀　8—气缸

（1）气动平口钳工作过程

分析图 8-1-5 可知，空气压缩机产生的压缩空气，先进入手动排水过滤器滤除水分、油分及其他杂质，然后经减压阀降压后进入油雾器，与油雾器产生的雾状润滑油混合后，分别输送给信号控制元件（旋钮式二位三通换向阀 6）和气动控制元件（单气控二位五通换向阀 7）。信号控制元件通过气压控制气动控制元件动作，气动控制元件通过分别接通气缸两侧内腔实现气动平口钳活动钳口的左右移动。

1）气动平口钳的夹紧动作。当旋转旋钮式二位三通换向阀 6 的旋钮使其左位工作时，压缩空气通过换向阀 6 使单气控二位五通换向阀 7 左位工作，换向阀 7 接通气缸左侧气路，使气缸左腔进入压缩空气，活塞向右移动，夹紧工件。

2）气动平口钳的松开动作。当再次旋转换向阀 6 的旋钮使其右位工作时，压缩空气被截断，同时使控制管路与大气相连，排出压缩空气。此时换向阀 7 右位工作，接通气缸右侧气路，使气缸右腔进入压缩空气。气缸左腔的空气通过换向阀 7 的排气孔排出，活塞向左移动，松开工件。

（2）气压传动的工作原理

通过分析气动平口钳的工作过程，可总结出气压传动的工作原理：气压传动是以压缩空气为工作介质，靠压缩空气的压力传递动力或信息的流体传动；传递动力的系统将压缩空气经由管路和控制阀输送给执行元件，把压缩空气的压力能转换为机械能，以驱动负载运动。

（3）气动系统的组成及各部分的作用

通过分析气动平口钳气动系统可知，气动系统一般由下列五部分组成。

1）气源装置。气源装置是指产生、处理和储存压缩空气的装置，其主要设备是空气压缩机，复杂的气源装置（空气压缩站）还包括压缩空气的净化和储存装置。空气压缩机（简称空压机）将原动机（如电动机）的机械能转换为空气的压力能。空气净化装置用于去除空气中的水分、油分和其他杂质，为各类气压传动设备提供洁净的压缩空气。空气储存装置（气罐）用于储存压缩空气。图 8-1-5 所示气动系统的气源装置为空气压缩机。

2）执行元件。执行元件是把压缩空气的压力能转换成机械能，以驱动工作机构运动的元件，一般为做直线运动的气缸或做旋转运动的气马达。图 8-1-5 所示气动系统的执行元件为气缸。

3）控制调节元件。控制调节元件是对气动系统中气体的压力、流量和流动方向进行控制和调节的元件，如减压阀、节流阀、换向阀等，这些元件的不同组合构成了不同功能的气动系统。图 8-1-5 所示气动系统的控制调节元件为减压阀和换向阀。

4）辅助元件。辅助元件是指除以上三种元件以外的其他元件，如过滤器、油雾器、消声器等。它们对保持系统正常、可靠、稳定和持久地工作起着重要的作用。图 8-1-5 所示气动系统的辅助元件为手动排水过滤器和油雾器。此外，连接气动系统还需要气管、管接头等辅助元件。

5）工作介质。气动系统中所使用的工作介质是清洁的空气。

2. 气压传动的特点

（1）气压传动的优点

1）工作介质为空气，来源经济、方便，用过之后可直接排入大气，不污染环境。

2）由于空气流动损失小，压缩空气可集中供气、远距离输送，且对工作环境的适应性强，可应用于易燃、易爆场所。

3）气压传动具有动作迅速、反应快、管路不易堵塞等优点，且不存在介质变质、补充和更换等问题。

4）气压传动装置结构简单，质量小，安装、维护简单。

5）由于空气具有可压缩性，因此气动系统能够实现过载自动保护。

（2）气压传动的缺点

1）由于空气具有可压缩性，因此气缸或气马达的动作速度受负载的影响较大。

2）由于气动系统工作压力较低（一般为 0.3 ~ 1.0 MPa），因此气动系统输出的动力较小。

3）工作介质没有自润滑性，需要另设润滑装置。

4）噪声大。

§8-2　液压传动

一、液压动力元件

液压系统的动力元件主要是指液压泵。它是把电动机或其他原动机输出的机械能转换成液压能的装置。其作用是为液压系统提供液压油。

1. 液压泵的工作原理

如图 8-2-1 所示为液压泵的工作原理图，当活塞向上运动时，油腔容积增大，液压泵吸油；当活塞向下运动时，油腔容积减小，液压泵压油。其中，单向阀随着吸、压油的不同而打开、关闭不同的油路。

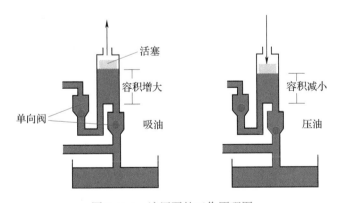

图 8-2-1　液压泵的工作原理图

2. 液压泵的类型及图形符号

（1）液压泵的类型

液压泵的种类很多，按照结构不同，可分为齿轮泵、叶片泵和柱塞泵等；按其输油方向能否变化，可分为单向泵和双向泵；按其输出的流量能否调节，可分为定量泵和变量泵；按其额定压力的高低，可分为低压泵、中压泵、高压泵等。常用液压泵见表 8-2-1。

表 8-2-1   常用液压泵

类型		特点及应用	工作原理示意图
齿轮泵	外啮合齿轮泵	外啮合齿轮泵结构简单，成本低，抗污及自吸性好，广泛应用于低压系统	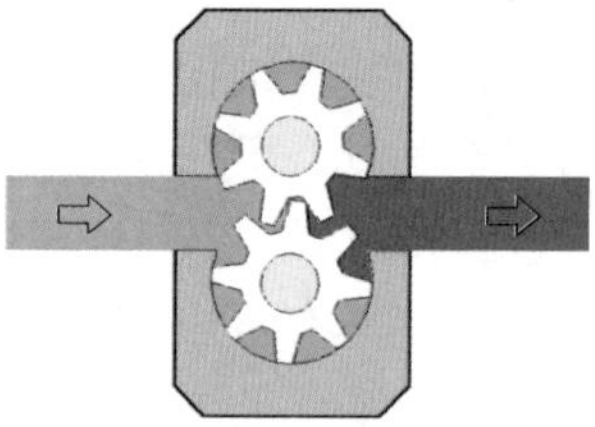
	内啮合齿轮泵	内啮合齿轮泵结构紧凑，工作容积大，转速高，噪声小，但流量脉动大，可以用于中、低压系统	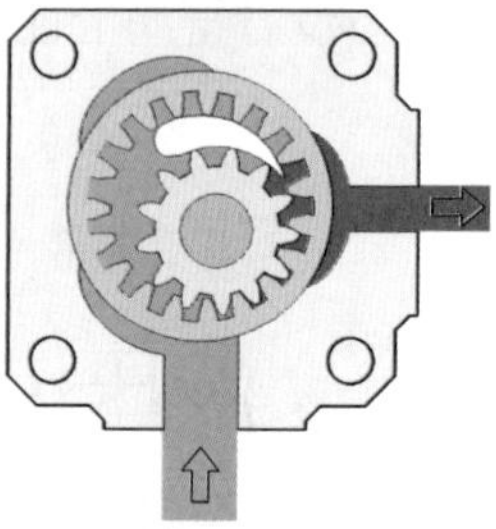
叶片泵		叶片泵流量均匀，运转平稳，结构紧凑，噪声小，但结构复杂，吸入性能差，对工作油液的污染较敏感。主要用于对速度平稳性要求较高的中、低压系统	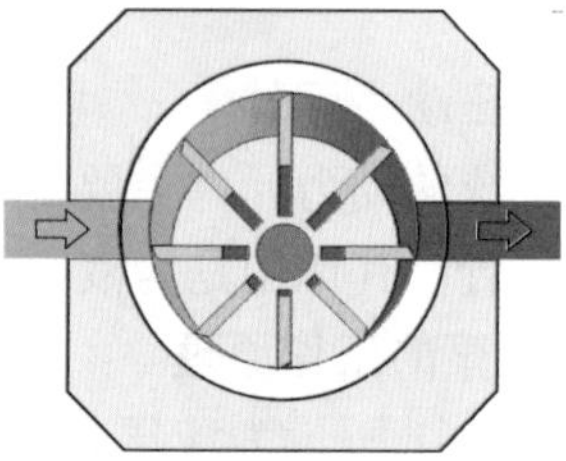
柱塞泵		柱塞泵泄漏量小，容积效率高，能承受较高的压力，易实现变量调节，但抗污染能力差，一般用于高压系统	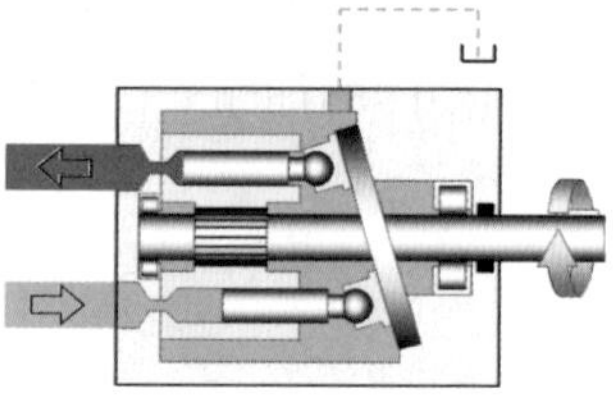

（2）常见液压泵的图形符号（表 8-2-2）

表 8-2-2   常见液压泵的图形符号

图形符号	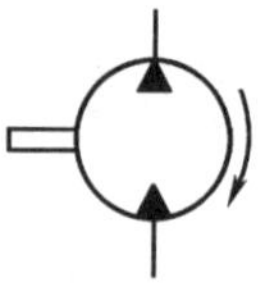	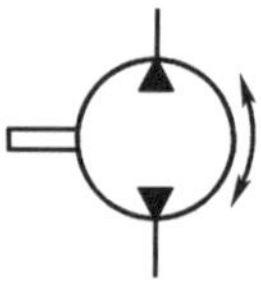	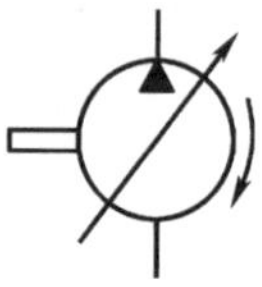	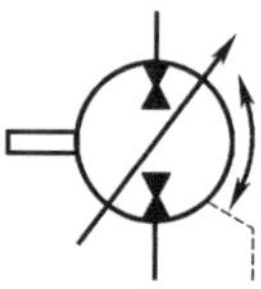
类型	单向定量泵	双向定量泵	单向变量泵	双向变量泵

二、液压执行元件

    液压缸（或液压马达）是液压系统中的执行元件，它能将液压能转换为直线（或旋转）运动形式的机械能，输出运动速度和力，且结构简单，工作可靠。

1. 液压缸的结构与工作原理

液压缸的结构如图 8-2-2 所示，它一般由缸筒、缸盖、活塞、活塞杆等组成。在结构中主要参数是缸筒直径（D）、活塞杆直径（d）以及活塞的有限行程（$L=l_1+l_2$）。在工作过程中，一端进油，另一端回油，液压油作用在活塞上形成一定的推力使活塞杆前伸或后缩。

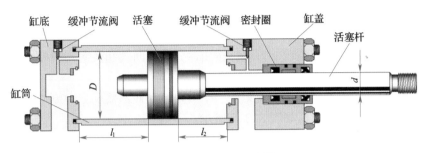

图 8-2-2　液压缸的结构

2. 液压缸的类型及图形符号（表8-2-3）

表 8-2-3　　　　　　　　　　　　　液压缸的类型及图形符号

类型	名称	图形符号	说明
单作用液压缸	单作用柱塞缸		柱塞仅单向运动，返回行程是利用自重或其他外力将柱塞推回
	单作用单杆缸		活塞仅单向运动，返回行程利用弹簧力将活塞推回
	单作用双杆缸		活塞的两侧都装有活塞杆，只能向活塞一侧供给液压油，返回行程通常利用弹簧力、重力或外力将活塞推回
	单作用伸缩缸		以短缸获得长行程。用液压油将活塞由大到小逐节推出，靠外力由小到大逐节缩回
双作用液压缸	双作用单杆缸		单边有杆，双向液压驱动，双向推力和速度不等
	双作用双杆缸		双边有杆，双向液压驱动，可实现等速往复运动
	双作用伸缩缸		双向液压驱动，活塞伸出时由大到小逐节推出，复位时由小到大逐节缩回
组合液压缸	齿条传动液压缸		活塞的往复运动经装在一起的齿条驱动齿轮，获得往复回转运动

三、液压控制元件

在液压系统中，为了控制与调节液流的方向、压力和流量，以满足工作机械的各种要求，就要用到液压控制元件，即液压控制阀。液压控制阀又称液压阀，简称阀。液压控制阀是液压系统中不可缺少的重要元件。根据用途和工作特点不同，液压控制阀分为方向控制阀、压力控制阀、流量控制阀三大类。

1. 方向控制阀

方向控制阀用来控制油液流动的方向，按用途分为单向阀和换向阀两种。

（1）单向阀

单向阀的作用是保证通过阀的液流只向一个方向流动而不能反方向流动，单向阀一般由阀体、阀芯和弹簧等零件构成，如图8-2-3所示。

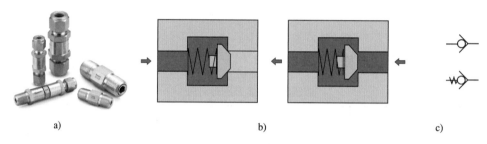

图8-2-3　单向阀
a）实物图　b）原理图　c）图形符号

液控单向阀如图8-2-4所示，当控制油口X未通控制液压油时，阀就是一个单向阀；当控制油口X接通控制液压油时，就可以使B→A油口导通。

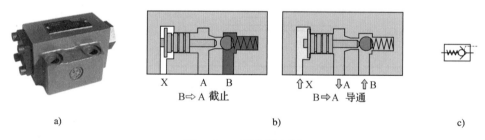

图8-2-4　液控单向阀
a）实物图　b）原理图　c）图形符号

（2）换向阀

1）换向阀的结构和工作原理。换向阀按结构可分为滑阀式换向阀和转阀式换向阀，其中滑阀式换向阀应用最为普遍。滑阀式换向阀的工作原理如图8-2-5所示，其变换油液的流向是利用阀芯相对阀体的滑动来实现的。阀芯在中间位置时（见图8-2-5a），四个油口都被封闭，液压缸两腔不通液压油，活塞处于锁紧状态。若使阀芯左移（见图8-2-5b），则阀体的进油口P和工作油口A连通、回油口T和工作油口B连通，液压油经P、A进入液压缸左腔，液压缸右腔的油液经B、T流回油箱，活塞向右运动；若使阀芯右移（见图8-2-5c），则油口P和B连通、A和T连通，活塞向左运动。

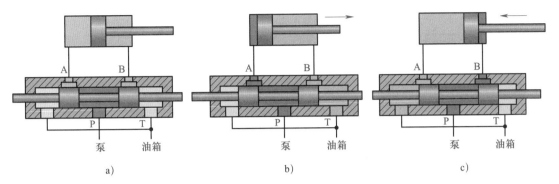

图 8-2-5　滑阀式换向阀的工作原理

a）阀芯在中间位置　b）阀芯在左位　c）阀芯在右位

2）换向阀的分类。按阀芯在阀体上的工作位置数和换向阀所控制的油口通路数分，换向阀有二位二通、二位三通、二位四通、二位五通、三位四通、三位五通等类型。不同的位数和通数是由阀体上不同的沉割槽和阀芯上的台肩组合形成的。

3）换向阀的符号表示。一个换向阀的完整符号应具有工作位置数、油口通路数和在各工作位置上阀口的连通关系、控制方法以及复位、定位方法等。

各类换向阀的符号见表 8-2-4。

表 8-2-4　　　　　　　　　　　各类换向阀的符号

项目	图例			说明
位	一位	二位	三位	"位"是指阀芯的切换工作位置数，用方格表示
	□	▢▢	▢▢▢	
位与通	二位二通	二位三通	二位四通	"通"是指阀的油口通路数，即箭头"↑"或封闭符号"⊥"与方格的交点数 三位阀的中格、二位阀画有弹簧的一格为阀的常态位。常态位应绘出外部连接油口（格外短竖线）
	A ↑ P	A B P	A B P T	
	二位五通	三位四通	三位五通	
	A B T₂ P T₁	A B P T	A B T₂ P T₁	
阀口标志	液压油的进油口	通油箱的回油口		连接执行元件的工作油口
	P	T		A、B

换向阀的控制方式和复位弹簧符号画在主体符号两端任意位置上。换向阀按控制阀芯移动的方式分为手动式、机动式、电磁动式、液动式和弹簧复位式等。换向阀常用的控制方式符号见表 8-2-5。

表 8-2-5   换向阀常用的控制方式符号

手动式	机动式		电磁动式	弹簧复位式	液动式
	顶杆式	滚轮式			

4）三位四通换向阀的中位机能。三位四通换向阀处于中位（常态位）时，各油口间有不同的连接方式，以满足不同的使用要求。这种常态位时各油口的连通方式称为三位四通换向阀的中位机能。中位机能不同，中位时对系统的控制性能也就不同。表 8-2-6 为常见的三位四通换向阀的中位机能。从表中看出，不同的中位机能是通过改变阀芯的结构和尺寸得到的。

表 8-2-6   常见的三位四通换向阀的中位机能

中位机能代号	结构原理图	图形符号	特点
O			各油口全部封闭，系统不卸荷，液压缸呈锁紧状态
H			各油口全部连通，系统卸荷，液压缸呈浮动状态且两腔接油箱
P			油口 P 与液压缸两腔连通，回油口封闭，可形成差动回路
Y			液压泵不卸荷，液压缸两腔接回油路，液压缸呈浮动状态
M			液压泵卸荷，液压缸呈锁紧状态

2. 压力控制阀

压力控制阀简称压力阀，用来控制液压系统中的压力，或利用系统中的压力变化来控制其他液压元件的动作，它是利用作用于阀芯上的液压力与弹簧力相平衡的原理进行工作的。按照用途不同，压力阀可分为溢流阀、减压阀和顺序阀等。

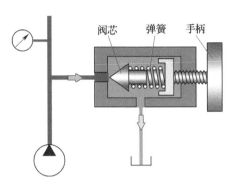

图 8-2-6　溢流阀的工作原理图

（1）溢流阀

如图 8-2-6 所示为溢流阀的工作原理图，其中，弹簧用来调节溢流阀的溢流压力。当系统压力大于弹簧所调节的压力时，打开阀芯部分，油液流回油箱，限制系统压力继续升高，使压力保持在弹簧所调定数值。调节弹簧压力，即可调节系统压力的大小。

溢流阀可分为直动式溢流阀和先导式溢流阀，其种类、工作原理和图形符号见表 8-2-7。

表 8-2-7　　　　　　　　　　　　溢流阀的种类、工作原理和图形符号

种类	说明	工作原理（图示）	图形符号	实物图
直动式溢流阀	进口液压油直接作用于阀芯，结构简单，制造容易，一般只适用于低压、流量不大的系统	P(A)　T(B)	T　P	
先导式溢流阀	由主阀和先导阀两部分组成，先导阀的作用是控制和调节溢流压力，主阀的功能则在于溢流，一般用于系统压力较高和流量较大的场合	先导阀　主阀	T　P　K	

（2）减压阀

减压阀在液压系统中的作用主要有：降低系统某一支路的油液压力；使同一系统有两个或多个不同压力。根据结构和工作原理不同，减压阀可分为直动式减压阀和先导式减压阀两种。

1）直动式减压阀。直动式减压阀（图 8-2-7）在常态时是开启的，其进油口 P 和工作油口 A 是连通的。当工作油口作用在阀芯上的液压力小于弹簧力时，阀芯不动；当工作油口作用在阀芯上的液压力大于弹簧力时，阀芯右移，减小进油口的流量及压力，直至作用在阀芯上的液压力等于弹簧力，达到新的平衡，从而起到减压作用。

2）先导式减压阀。如图 8-2-8 所示为先导式减压阀，它由主阀 I 和先导阀 II 两部分组成，其中主阀由主阀芯、主阀阀体和主阀弹簧等组成，先导阀由锥阀（先导阀芯）、先导阀阀体、调压弹簧和调压螺母等组成。结构中，h 为减压缝隙的高度，b 为阻尼孔，A 为进油口，B 为出油口，Y 为泄油口。

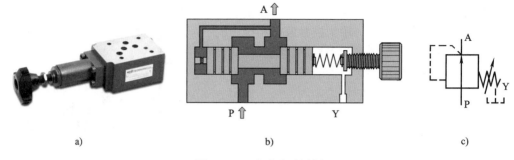

图 8-2-7　直动式减压阀

a）实物图　b）原理图　c）图形符号

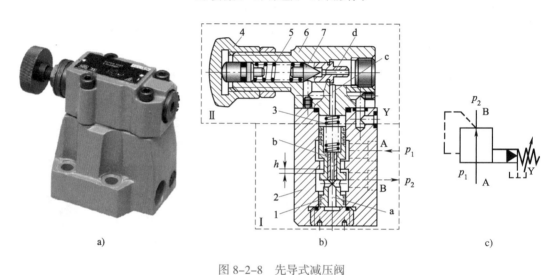

图 8-2-8　先导式减压阀

a）实物图　b）原理图　c）图形符号

1—主阀芯　2—主阀阀体　3—主阀弹簧　4—调压螺母　5—调压弹簧　6—先导阀阀体　7—锥阀

压力为 p_1 的高压油液自进油口 A 进入主阀，经减压缝隙后，压力降至 p_2 的低压油液自出油口 B 流出，送往执行元件；同时，出油口处的部分低压油液经主阀芯的轴心孔 a 和阻尼孔 b 分别进入主阀芯的上、下两腔。进入主阀芯上腔的低压油液再经过通孔 c、d 作用在锥阀上并与调压弹簧相平衡，以此控制出口压力。

当出口压力较低未达到先导阀的调定值时，作用于锥阀上的油液压力小于调压弹簧的弹簧力，先导阀阀口关闭，阻尼孔 b 内的油液不流动，主阀芯上、下两腔的压力相等。主阀芯被主阀弹簧推至最下端，减压缝隙开至最大，进、出油口的油液压力基本相同，减压阀处于非调节状态。

当出口压力升高超过先导阀的调定值时，作用在锥阀上的油液压力大于调压弹簧的弹簧力，锥阀被顶开，主阀下腔的油液经通孔 c、d 至先导阀阀口，经泄油口 Y 流回油箱；此时阻尼孔 b 中有油液流过，其两端产生压降，使主阀芯下腔中的压力大于上腔中的压力；当此压力差足以克服摩擦力以及主阀弹簧的弹簧力而推动主阀芯上移时，减压缝隙高度 h 减小，流阻增大，油液流过缝隙的压力损失也增大，从而使出口压力降低，直到出口压力恢复为调定压力。减压阀出口压力的大小可通过调压弹簧进行调节。

（3）顺序阀

顺序阀在液压系统中的作用主要是利用液压系统中的压力变化来控制油路的通断，从而使某些液压元件按一定的顺序动作。根据结构和工作原理的不同，顺序阀可分为直动式顺序阀和先导式顺序阀两种，一般多使用直动式顺序阀。

顺序阀的工作原理同溢流阀相近，如图8-2-9所示为顺序阀。

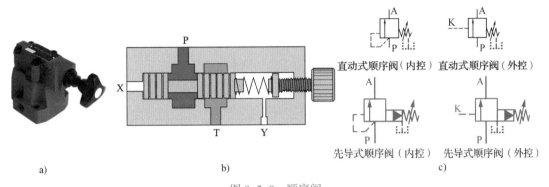

图 8-2-9　顺序阀

a）实物图　b）原理图　c）图形符号

3. 流量控制阀

流量控制阀（简称流量阀）在液压系统中的作用是控制液压系统中液体的流量。它是通过改变节流口通流截面积来调节通过阀口的流量，从而控制执行元件运动速度的控制阀。常用的流量阀有节流阀、调速阀等，见表8-2-8。

表 8-2-8　流量控制阀

种类	说明	原理图	图形符号	实物图
节流阀	改变节流口的通流截面积，使液阻发生变化，就可以调节流量的大小		$P \not\!\!\angle A$	
调速阀	由减压阀和节流阀串联而成，可以使节流阀前后的压力差保持不变，一般用于运动速度要求平稳的场合		$P \not\!\!\angle A$	

四、液压辅助元件

液压辅助元件也是液压系统的基本组成之一。常用的液压辅助元件有过滤器、蓄能器、油管、管接头、油箱等，见表8-2-9。

表 8-2-9 常用的液压辅助元件

种类	作用	图形符号	实物图
过滤器	对油液进行过滤，分为粗过滤器和精过滤器	粗　　精	
蓄能器	可以在短时间内供应大量液压油，补偿泄漏以保持系统压力，消除压力脉动，缓和液压冲击		
油管	用于元器件的连接，分为硬管和软管	硬　软	
管接头	用于油管与油管、油管与液压元件间的连接	快速接头	
油箱	用来储油、散热及分离油中杂质和空气等		

五、液压系统基本回路

液压系统基本回路是指由某些液压元件和辅助元件所构成的能完成某种特定功能的回路。一套液压装置不管多么复杂，总是由许多基本回路组成。液压基本回路按功能可分为方向控制回路、压力控制回路、速度控制回路和顺序动作控制回路等。

如图 8-2-10 所示压碎机控制回路，当三位四通换向阀 7 左位得电时，活塞伸出压碎废旧汽车；当阀 7 右位得电时，活塞杆收回。其中，节流阀 6 可以调节活塞杆的速度，溢流阀 4 用来控制系统的压力。构成压碎机的基本回路见表 8-2-10。

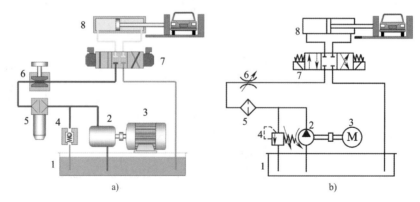

图 8-2-10　压碎机控制回路

a）工作原理图　b）图形符号图

1—油箱　2—单向定量泵　3—电动机　4—溢流阀　5—过滤器　6—节流阀　7—换向阀　8—液压缸

表 8-2-10　　　　　　　　　　　　构成压碎机的基本回路

名称	回路简图	说明
方向控制回路 — 换向回路	采用 H 型三位四通手动换向阀的换向回路 1—液压泵　2—溢流阀 3—H 型三位四通手动换向阀　4—液压缸	方向控制回路用来控制执行元件的启动、停止（包括锁紧）及换向，有换向回路和锁紧回路等。换向回路主要控制执行元件的换向，常用二位四通或五通、三位四通或五通等各种控制类型的换向阀进行换向，本回路用阀 3 加以控制
方向控制回路 — 锁紧回路	采用 M 型三位四通电磁换向阀的锁紧回路 1—液压泵　2—溢流阀 3—M 型三位四通电磁换向阀　4—液压缸	锁紧回路的功能是使执行元件能在任意位置上停留，以及在停止工作时防止在受力的情况下发生移动。本回路采用阀 3 的 O 型中位机能锁紧执行元件，当阀芯处于中位时，液压缸的进、出油口都被封闭，可以将液压缸锁紧，还可以用阀 3 的 M 型中位机能及液控单向阀构成锁紧回路

名称	回路简图	说明
压力控制回路	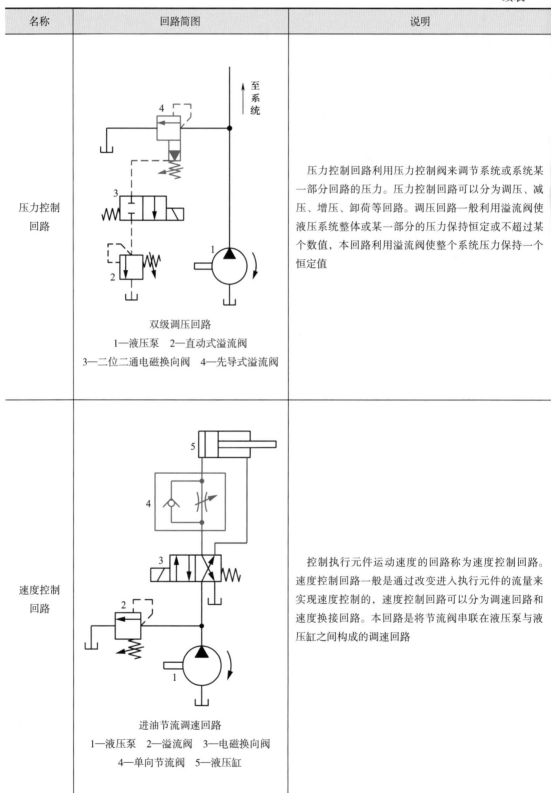双级调压回路 1—液压泵　2—直动式溢流阀 3—二位二通电磁换向阀　4—先导式溢流阀	压力控制回路利用压力控制阀来调节系统或系统某一部分回路的压力。压力控制回路可以分为调压、减压、增压、卸荷等回路。调压回路一般利用溢流阀使液压系统整体或某一部分的压力保持恒定或不超过某个数值，本回路利用溢流阀使整个系统压力保持一个恒定值
速度控制回路	进油节流调速回路 1—液压泵　2—溢流阀　3—电磁换向阀 4—单向节流阀　5—液压缸	控制执行元件运动速度的回路称为速度控制回路。速度控制回路一般是通过改变进入执行元件的流量来实现速度控制的，速度控制回路可以分为调速回路和速度换接回路。本回路是将节流阀串联在液压泵与液压缸之间构成的调速回路

六、MJ–50 型数控车床液压系统

目前，数控车床上大多应用了液压传动技术。下面介绍 MJ–50 型数控车床的液压系统。

如图 8-2-11 所示，MJ–50 型数控车床中由液压系统实现的动作有卡盘的夹紧与松开、刀架的转位与夹紧、尾座套筒的伸出与缩回。液压系统中各电磁阀的电磁铁动作由数控系统的计算机控制实现。液压系统采用变量泵 2 供油，系统压力调至 4 MPa，压力由压力表 4 显示，泵输出的液压油经单向阀 3 进入系统，该液压系统的工作原理如下。

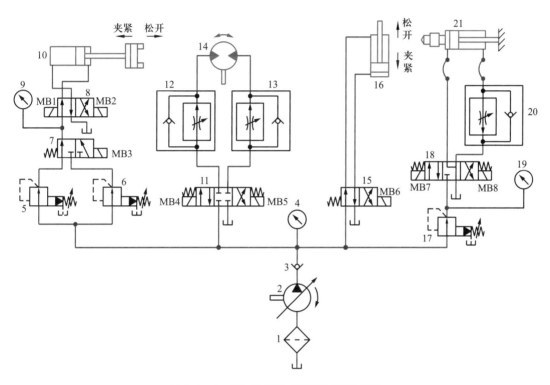

图 8-2-11　MJ–50 型数控车床的液压系统

1—过滤器　2—变量泵　3—单向阀　4、9、19—压力表　5、6、17—先导式减压阀
7—二位三通电磁换向阀（弹簧复位）　8—二位四通电磁换向阀　10—卡盘液压缸
11—O 型三位四通电磁换向阀　12、13、20—单向调速阀　14—刀架转位双向液压马达
15—二位四通电磁换向阀（弹簧复位）　16—刀架夹紧液压缸
18—Y 型三位四通电磁换向阀　21—尾座套筒液压缸

1. 卡盘的夹紧与松开

卡盘系统的执行元件是卡盘液压缸 10，控制油路由二位三通电磁换向阀 7 和二位四通电磁换向阀 8、先导式减压阀 5 和 6 等组成。为了适应不同壁厚的工件，卡盘夹紧回路有高、低压两种夹紧状态，分别通过调整先导式减压阀 5、6 的输出压力实现。

（1）卡盘高压夹紧

卡盘高压夹紧时，MB2、MB3 断电，MB1 通电，换向阀 7 和 8 均在左位工作，其油路如下。

进油路：过滤器1→变量泵2→单向阀3→先导式减压阀5→二位三通电磁换向阀7（左位）→二位四通电磁换向阀8（左位）→卡盘液压缸10右腔。

回油路：卡盘液压缸10左腔→二位四通电磁换向阀8（左位）→油箱。

这时液压缸活塞左移使卡盘夹紧工件，夹紧力的大小由先导式减压阀5调节。由于减压阀5的调定值高于减压阀6，所以卡盘处于高压夹紧状态。

（2）卡盘低压夹紧

当夹紧薄壁工件时，需要低夹紧力。这时MB3通电，二位三通电磁换向阀7切换至右位工作。液压泵输出的液压油只能经先导式减压阀6进入卡盘液压缸10右腔，实现低夹紧力夹紧工件。其油路与高压夹紧油路基本相同。

（3）卡盘松开

卡盘需要松开时，让MB1断电、MB2通电，二位四通电磁换向阀8切换至右位工作，液压泵输出的液压油经换向阀8后，进入卡盘液压缸10的左腔，活塞右移，卡盘松开，其油路如下。

进油路：过滤器1→变量泵2→单向阀3→先导式减压阀5（或6）→二位三通电磁换向阀7左位（或右位）→二位四通电磁换向阀8（右位）→卡盘液压缸10左腔。

回油路：卡盘液压缸10右腔→二位四通电磁换向阀8（右位）→油箱。

2. 刀架的转位与夹紧

刀架换刀时，首先是刀架松开，然后刀架转位到指定位置，最后是刀架夹紧。刀架的松开与夹紧由刀架夹紧液压缸16执行，刀架的转位则由刀架转位双向液压马达14完成。该系统有两条支路。一条支路由O型三位四通电磁换向阀11、单向调速阀12和单向调速阀13组成，通过换向阀11的切换使液压马达14正、反转，即实现刀架正、反转。单向调速阀12和单向调速阀13使液压马达14在正、反转时都能通过进油节流调速来调节刀架的旋转速度。另一条支路通过二位四通电磁换向阀15的切换控制刀架的松开与夹紧，该油路比较简单。

刀架的完整工作循环是：刀架松开→刀架逆时针（或顺时针）旋转就近到达指定刀位→刀架夹紧。电磁铁的动作顺序为：MB6通电（刀架松开）→MB4通电（液压马达逆时针旋转）或MB5通电（液压马达顺时针旋转）→MB4或MB5断电（刀架停转）→MB6断电（刀架夹紧）。

油路如下。

（1）刀架松开

进油路：过滤器1→变量泵2→单向阀3→二位四通电磁换向阀15（右位）→刀架夹紧液压缸16下腔。

回油路：刀架夹紧液压缸16上腔→二位四通电磁换向阀15（右位）→油箱。

（2）刀架旋转

刀架顺时针旋转与逆时针旋转的进、回油路相反，下面分析刀架逆时针旋转时的进油路和回油路。

进油路：过滤器1→变量泵2→单向阀3→O型三位四通电磁换向阀11（左位）→单向调速阀12的调速阀→刀架转位双向液压马达14。

回油路：刀架转位双向液压马达14→单向调速阀13的单向阀→O型三位四通电磁换

向阀 11（左位）→油箱。

（3）刀架夹紧

进油路：过滤器 1→变量泵 2→单向阀 3→二位四通电磁换向阀 15（左位）→刀架夹紧液压缸 16 上腔。

回油路：刀架夹紧液压缸 16 下腔→二位四通电磁换向阀 15（左位）→油箱。

3. 尾座套筒的伸出与缩回

尾座套筒液压缸 21 的活塞杆固定，缸体带动尾座套筒顶出与缩回。油路由先导式减压阀 17、Y 型三位四通电磁换向阀 18 和单向调速阀 20 组成。液压泵输出的液压油通过先导式减压阀 17 将压力降为尾座套筒顶紧所需的压力。单向调速阀 20 用于尾座套筒伸出时实现回油路节流调速，以控制尾座套筒的伸出速度。

（1）尾座套筒伸出

尾座套筒伸出时，电磁铁 MB7 通电，其油路如下。

进油路：过滤器 1→变量泵 2→单向阀 3→先导式减压阀 17→Y 型三位四通电磁换向阀 18（左位）→尾座套筒液压缸 21 左腔。

回油路：尾座套筒液压缸 21 右腔→单向调速阀 20 的调速阀→Y 型三位四通电磁换向阀 18（左位）→油箱。

（2）尾座套筒缩回

尾架套筒缩回时，MB7 断电、MB8 通电，其油路如下。

进油路：过滤器 1→变量泵 2→单向阀 3→先导式减压阀 17→Y 型三位四通电磁换向阀 18（右位）→单向调速阀 20 的单向阀→尾座套筒液压缸 21 右腔。

回油路：尾座套筒液压缸 21 左腔→Y 型三位四通电磁换向阀 18（右位）→油箱。

§8-3　气压传动

一、气源装置及气动辅助元件

1. 气源装置

自然界的空气是一种混合物，主要由氧气、氮气、水蒸气、其他微量气体和一些杂质等组成，不同的环境和气候条件中，空气的组成成分也不同。气动系统工作时，压缩空气中水分和固体颗粒杂质等的含量决定着系统能否正常工作，对空气进行压缩、净化，向各个设备提供干净、干燥的压缩空气的气源装置如图 8-3-1 所示。气源装置的组成及其作用见表 8-3-1。

2. 气动辅助元件

气动辅助元件包括油雾器、消声器、气管和管道附件以及其他辅助元件等，是气动系统不可缺少的重要组成部分。常见气动辅助元件见表 8-3-2。

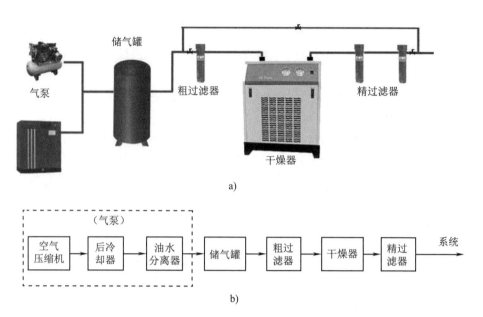

a）

图 8-3-1　气源装置
a）工作示意图　b）工作流程图

表 8-3-1　气源装置的组成及其作用

组成部分	图形符号	作用
气泵		对空气进行压缩形成压缩空气
冷却器		将空气压缩机出口的压缩空气冷却至40℃以下，使其中的大部分水蒸气和变质油雾冷凝成液态水滴和油滴
油水分离器		将经后冷却器降温析出的水滴和油滴等杂质从压缩空气中分离出来
储气罐		储存压缩空气并可以消除压力脉动，保证供气的连续性、稳定性
粗过滤器		进一步清除压缩空气中的油污、水和粉尘，以提高下游干燥器的工作效率，延长精过滤器的使用时间

组成部分	图形符号	作用
干燥器	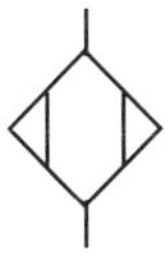	进一步去除压缩空气中的水、油污和粉尘
精过滤器	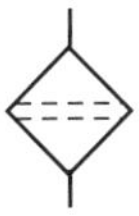	再次对压缩空气中的油污、水和粉尘进行清除

表 8-3-2　　　　　　　　　　　　　常见气动辅助元件

名称	说明	图示及图形符号
油雾器	一种特殊的注油装置。它以压缩空气为动力，将润滑油喷射成雾状并混合于压缩空气中，随着压缩空气进入需要润滑的部位，以达到润滑气动控制元件的目的	 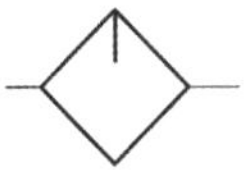
气动三联件	由过滤器、减压阀和油雾器组成	 
气动二联件	由过滤器和减压阀两部分组成	 
消声器	消除和减弱当压缩气体直接从气缸或换向阀排向大气时所产生的噪声。消声器应安装在气动装置的排气口	 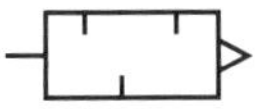
管接头	主要用于气管连接	

二、气动执行元件与气动控制元件

1. 气动执行元件

气动执行元件的功能是将压缩空气的压力能转换成机械能，主要有气缸和气马达，常见气动执行元件见表 8-3-3。

表 8-3-3　　　　　　　　　　　　　常见气动执行元件

名称	说明	图示	图形符号
普通气缸	把压缩空气的压力能转化成机械能，驱动机构做往复直线运动		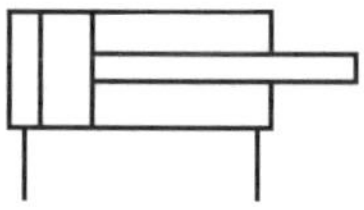
摆动气马达	把压缩空气的压力能转化成机械能，驱动机构做摆动运动		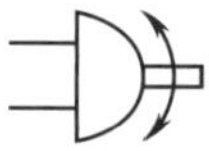
气马达	把压缩空气的压力能转化成机械能，驱动机构做旋转运动，以输出扭矩		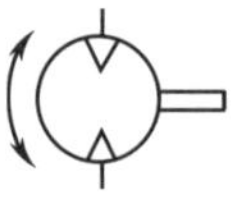

2. 气动控制元件

气动控制元件用来控制和调节压缩空气的压力、流量和方向，使气动执行元件获得必要的力、动作速度和运动方向，并按规定程序工作。气动控制元件可分为方向控制阀、压力控制阀和流量控制阀，见表 8-3-4。

表 8-3-4　　　　　　　　　　　　　气动控制元件

名称	说明	图示及图形符号
方向控制阀	用于控制压缩空气的流动方向和气流通断的一种阀，常用的有换向阀和单向阀	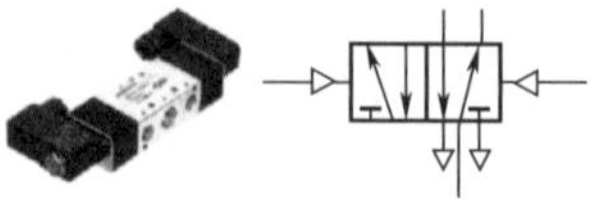 气控换向阀 　　　 电梯换向阀 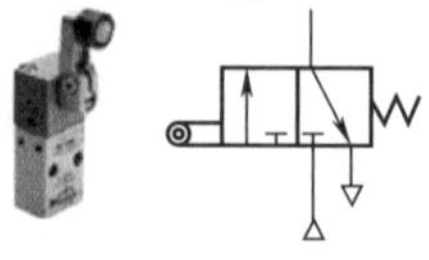 滚轮控制换向阀 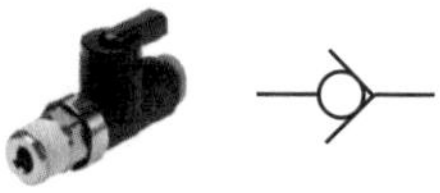　　　 单向阀

名称	说明	图示及图形符号
压力控制阀	调节和控制压力大小的气动控制元件，常用的有减压阀和溢流阀	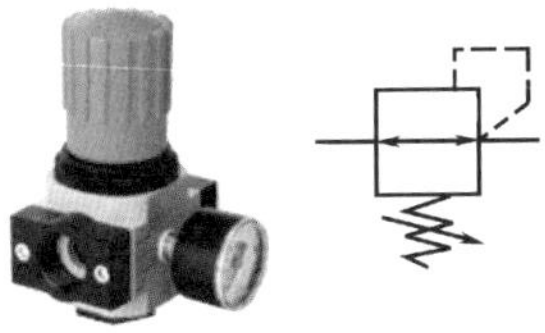 　　减压阀 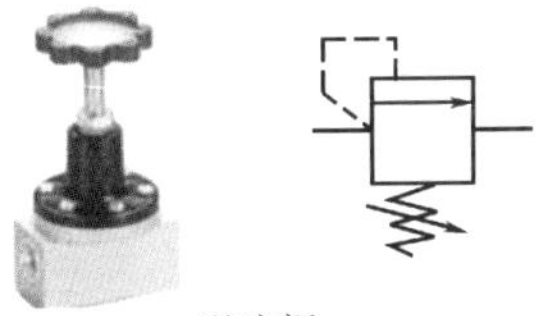　　　　　溢流阀
流量控制阀	用于改变执行机构的运动速度，常用的有排气节流阀和单向节流阀	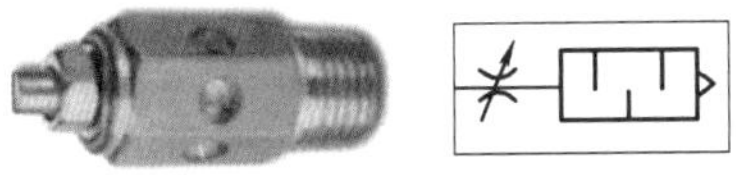 　　排气节流阀 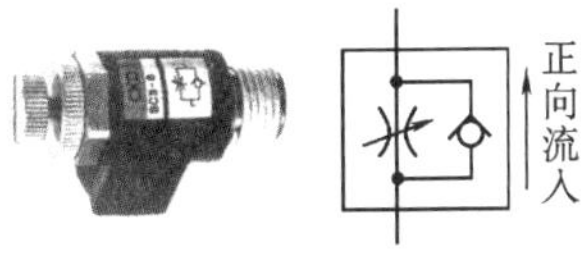　　　单向节流阀

三、气动基本回路

气动系统与液压系统一样，无论多复杂，也都是由一些基本回路组成的。这些回路按其控制目的和功能不同，可分为方向控制回路、压力控制回路、位置控制回路和速度控制回路等，见表 8-3-5。

表 8-3-5　　　　　　　　　　　气动基本回路

类型	回路图	说明
方向控制回路	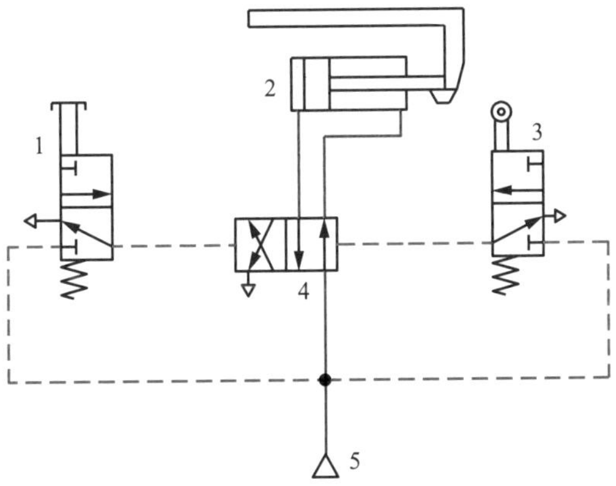 单往复动作回路 1—二位三通手动换向阀　2—气缸　3—二位三通行程换向阀 4—二位四通双气控换向阀　5—气源	利用换向阀来控制执行元件的运动方向

类型	回路图	说明
压力控制回路	 高、低压转换回路 1—气源　2—手动排水过滤器　3、4—减压阀　5、6—压力表　7、8—油雾器 9—二位三通手动换向阀　10—二位三通电磁换向阀　11—单作用弹簧复位气缸	利用减压阀来控制执行元件的输出力
位置控制回路		利用行程阀来控制执行元件的行程和位置
速度控制回路	 进气节流调速回路 1—二位五通双气控换向阀　2、3—单向节流阀　4—气缸	利用单向节流阀和快速排气阀来控制执行元件的往复运动速度

四、气动灌装机气动系统图的识读

如图 8-3-2a 所示气动灌装机的动作要求为：当把需灌装的瓶子放在工作台上后，脚踩下启动按钮，气缸前伸开始灌装；灌装完毕，气缸快速自动退回，准备第二次灌装。

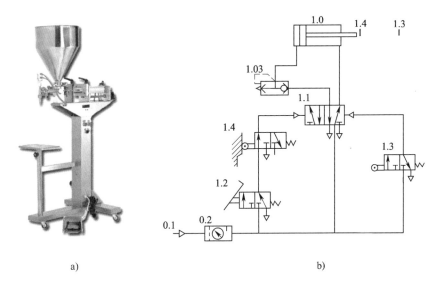

图 8-3-2　气动灌装机及其气动系统图

a）实物图　b）气动系统图

1. 图形符号的解读

回路中图形符号所对应的元件：0.1 为气源，0.2 为气动三联件，1.2 为脚动式二位三通换向阀，1.3、1.4 为机动式二位三通换向阀，1.1 为双气控二位五通换向阀，1.03 为快速排气阀、1.0 为双作用气缸。

2. 回路动作分析

在图 8-3-2b 所示初始位置，压缩空气经阀 1.1 的右位进入气缸 1.0 的右腔，使气缸的活塞收回。

当脚踏下阀 1.2 时，由于阀 1.4 左位接通，因此阀 1.1 左位接入系统，压缩空气经阀 1.1 左位、阀 1.03 进入气缸 1.0 的左腔，使气缸伸出。同时，阀 1.4 在弹簧力的作用下复位，右位接入，阀 1.1 左边的控制压缩空气断开。

当活塞杆运行到阀 1.3 位置时，阀 1.3 左位接通，压缩空气使得阀 1.1 右位接通，压缩空气进入气缸 1.0 的右腔，左腔的空气从快速排气阀 1.03 排出，使活塞杆快速收回。同时，阀 1.3 在弹簧力的作用下复位。

一、实训任务

如图 8-4-1 所示为液压与气动回路图，本次实训任务是根据液压回路图与气动回路图在操作试验台上找出相应的元器件，搭建成如图所示的控制回路。

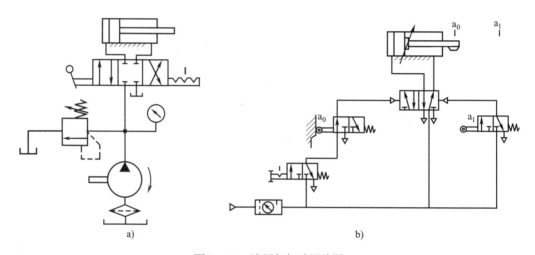

图 8-4-1　液压与气动回路图

a）液压回路图　b）气动回路图

二、任务准备

1. 工具准备

液压操作试验台、气动操作试验台。

2. 知识准备

气管的连接方法如图 8-4-2a 所示，安装时直接把气管插入即可；气管的拆卸方法如图 8-4-2b 所示，把管接头上的弹簧卡口轻轻按下即可拔出气管。

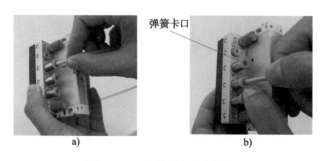

图 8-4-2　气管的连接与拆卸

a）连接方法　b）拆卸方法

三、任务实施

1. 液压回路连接操作实训

（1）对照表 8-4-1，根据液压回路图中的图形符号找出相应的元器件。

表 8-4-1　　　　　　　　　　液压回路图中的图形符号及相应元器件

序号	名称	图形符号	元器件
1	双作用单活塞杆液压缸	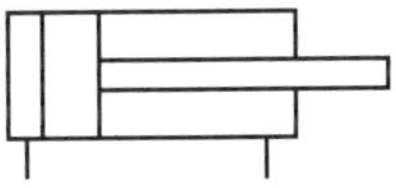	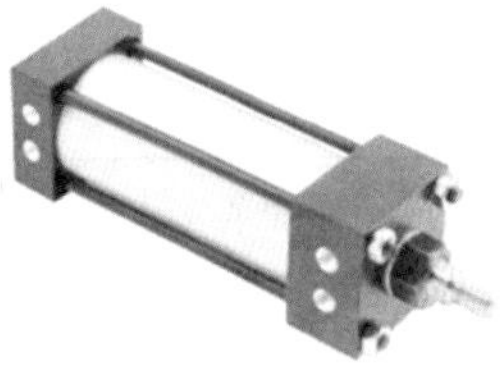
2	手动式三位四通换向阀	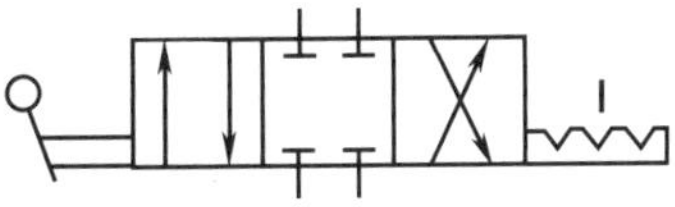	
3	直动式溢流阀	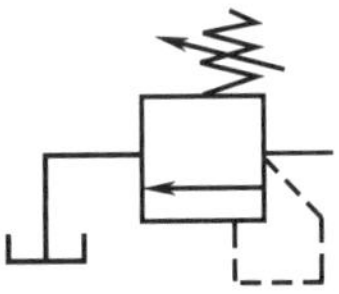	
4	压力表		
5	三通接头		
6	油管		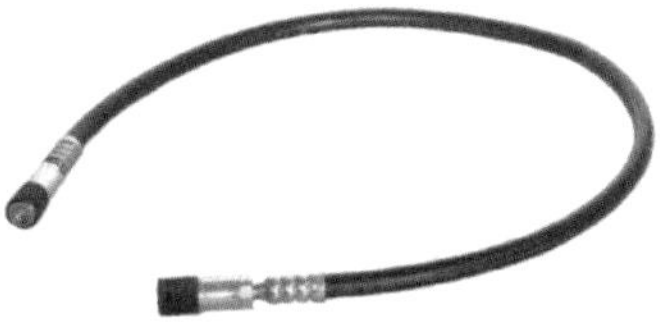

（2）液压回路的连接与安装步骤如下。

1）连接油管接头，连接时需要将锁紧套和接头体连接紧密。锁紧套可以沿接头体按箭头所示方向运动 	2）将油管与阀接头连接。图中1~4标注的都是阀接头，它们可以与油管接头相配合 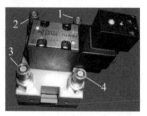
3）两手分别握住油管接头与阀体，将油管上的接头对准阀体上的接头，按图示箭头方向用力插入即可将两者相连 	4）也可以先将阀体装在安装板上，然后将油管接头与阀体相连 
5）不管采用何种方法，连接好油管接头与阀体之后，都应仔细检查连接是否可靠	
6）若连接不合格需要拆开，应用手抓住油管和阀体，然后用拇指和食指捏住锁紧套，用力按箭头所示方向拉动锁紧套，油管接头即可自行脱落 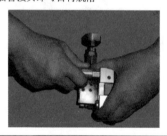	7）如果阀体是装在安装板上的，用单手即可将连接断开。拆卸时，用拇指和食指捏住锁紧套，其余手指一定要握住油管接头的其他部位，严禁强拉硬拽 
8）安装液压回路时，首先要根据回路要求，选出所需使用的液压元件，然后将各元件依次按照执行元件→主控阀→辅助控制阀→溢流阀的顺序，并遵循从上至下的原则有序地卡在安装板上 	9）安装完毕，应仔细检查回路连接得是否正确，特别是各阀口的进、出油口与油管及液压缸的连接是否正确。经检查正确无误后才可开启液压泵向系统供油 

2. 气动回路连接操作实训

（1）对照表 8-4-2，根据气动回路图中的图形符号找出相应的元器件。

表 8-4-2 气动回路图中的图形符号及相应元器件

序号	名称	图形符号	元器件
1	双作用单活塞杆气缸	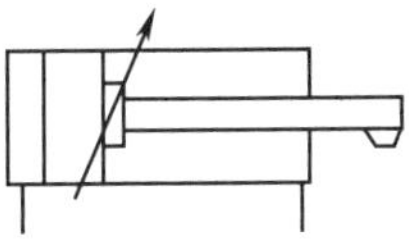	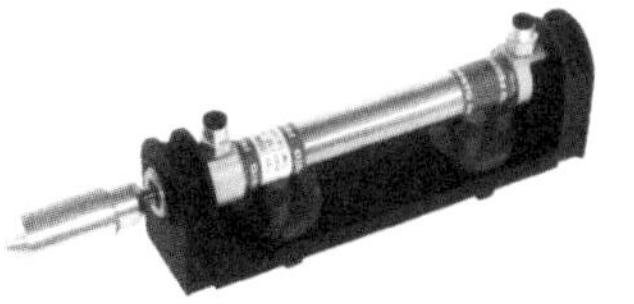
2	双气控二位五通换向阀	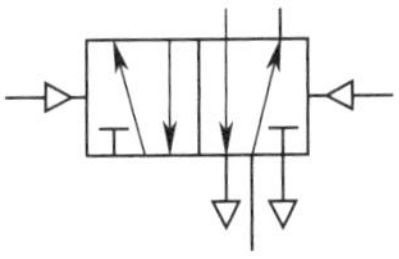	
3	机动式二位三通换向阀	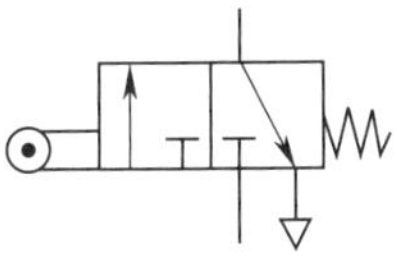	
4	手动式二位三通换向阀	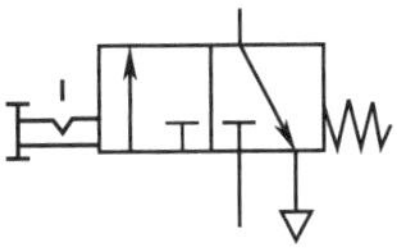	
5	气动三联件	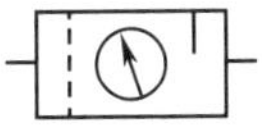	

序号	名称	图形符号	元器件
6	三通接头		
7	气管		

（2）在操作台上按照安装液压回路的基本步骤完成气动回路的连接。

四、学生反馈表（表 8-4-3）

表 8-4-3 学生反馈表

序号	内容	答案（总结）
1	根据液压回路图分析各元器件的动作，并检验是否与操作台上的动作一致	
2	根据气动回路图分析各元器件的动作，并检验是否与操作台上的动作一致	
3	说出回路中有哪些基本回路	
4	根据气动回路与液压回路的操作情况比较两种方式的特点	

第9章

综合实践——典型机械的拆装

通过综合性的实践任务，学生运用所学机械基础知识了解和分析典型机械的结构和原理，提升动手能力，加深对知识的理解和掌握。

选择进行实践的机械最好满足以下要求：

（1）包含至少2种常见连接。

（2）包含至少1种常用机构。

（3）包含至少1种常用机械传动。

（4）包含支承零部件。

例如，柴油发动机可以作为典型机械，它具有平面四杆机构、凸轮机构、螺纹连接、销连接、键连接、齿轮传动机构、轴承、弹簧等。又如，还可以根据学校实践活动条件，选取车床的主轴箱或进给箱作为典型机械。

对所选取的典型机械进行分析，根据学校实践条件设计为若干个子任务。

例如，以柴油发动机为例，设计综合实践任务。将拆装柴油发动机作为综合实践的总任务，该总任务可以分解为几个拆装子任务，如图9-1-1所示。

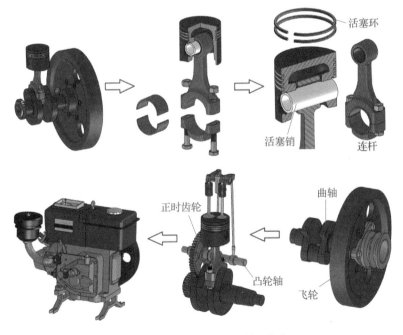

图 9-1-1　柴油发动机拆装子任务

一、任务提出

交代本任务所要完成的工作和要求。

二、实践准备

列出实践所要求的物质准备和知识准备。

1. 物质准备

如常用工具、量具，专用工具、量具；相关资料和手册。

2. 知识准备

如机构和零件的知识，安全文明生产知识，拆装要点等。

三、任务实施

根据实践填写表 9–1–1。

表 9–1–1   任务实施表

序号	操作步骤	工具和备注

四、实践总结

通过实践总结，梳理实践过程中遇到的问题，总结本任务涉及的机构、传动、连接等的类型和主要参数。